비커 군과 친구들의
수상한 과학책

Chugakurika ga chakkari manaberu Yuru4koma kyousitsu

© Uetanihuhu/Gakken

First published in Japan 2018 by Gakken Plus Co., Ltd., Tokyo

Korean translation rights arranged with Gakken Plus Co., Ltd., through BC Agency

일러두기

- 이 책은 콘텐츠 특성상 원서와 동일하게, 페이지의 오른쪽을 묶는 우철 제본방식으로
  제작되었습니다.
- 본문의 화학 원소와 화합물의 명명법은 IUPAC(국제순수응용화학연합)에서 함께 인정하는 대
  한화학회의 명명법 개정에 따랐습니다. 다만, 나트륨(sodium, 소듐)과 칼륨(potassium, 포타
  슘) 등의 경우, 이미 널리 사용되고 있어 2015 개정 교육과정에 따라 옛이름을 그대로 사용했
  습니다.

비커 군과 교과서 친구들의
수상한 과학책

우에타니 부부 지음 | 임지인 옮김

더숲

비커 군, 과학 세계로 모험을 떠나다!

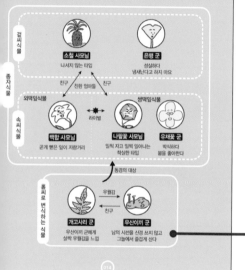

식물의 생활과 종류

첫 단원에서 다루는 주제는 우리 주변의 식물이 자라는 원리와 식물의 기능입니다. 먼저, 식물이나 여러 생물이 서로 영향을 주고받으며 살고 있다는 것을 알아두세요.

걷씨식물

종자식물

소철 사모님
니서지 않는 타입

은행 군
성실하다고 하지 마요

친구 · 친한 엄마들 · 친구

속씨식물

외떡잎식물

백합 사모님
곧게 뻗은 잎이 자랑거리

라이벌

쌍떡잎식물

나팔꽃 사모님
일찍 지고 일찍 일어나는
착실한 타입

유채꽃 군
박식하다
붙을 좋아한다

동경의 대상

홀씨로 번식하는 식물

개고사리 군
우산이끼 군에게
살짝 우월감을 느낌

우월감
친구

우산이끼 군
남의 시선을 신경 쓰지 않고
그늘에서 즐겁게 산다

014

이 책을 읽는 방법

이 책에서는 과학 교과서를 귀여운 만화로 배울 수 있습니다. 처음에는 만화만 읽고, 더 자세히 알고 싶을 때 설명문까지 찬찬히 읽는 등 각자에게 맞는 방식으로 과학을 제대로 익혀보세요!

캐릭터 관계도

먼저 단원별로 등장하는 캐릭터들에 대해 알아두세요! 대화를 좀 더 쉽게 이해할 수 있어요.

1

2

만화

과학을 제대로 익힐 수 있는 만화. 피식 웃다 보면 중요한 내용이 절로 기억에 남아요.

3

설명문

만화를 먼저 본 후에 설명문을 읽으면 한층 깊게 이해할 수 있어요.

4

포인트

페이지의 중요 포인트. 학교 시험에서 자주 나오는 부분이에요.

커져라~ 얍!

현미경 사용 방법

실제로 아메바는 거대해지지 않으니 걱정하지 마세요. 여기서는 현미경의 올바른 사용 방법을 알아볼게요.

❶ 시야 전체가 일정하게 밝아지도록 **반사경** 각도와 조리개를 조정한다.

❷ 재물대 위에 프레파라트를 올리고 **대물렌즈**와 프레파라트의 거리를 짧게 조정한다.

❸ **조동나사**를 ❷와 반대 방향으로 돌려 대물렌즈와 프레파라트 사이를 조절하면서 초점을 맞춘다.

▲ 현미경 구조

● 현미경 배율=접안렌즈 배율 X 대물렌즈 배율

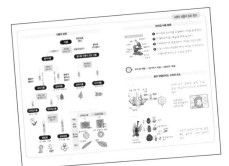

정리 페이지로 복습

시험 전날처럼, 다시 확인하고 싶을 때 한눈에 볼 수 있게 정리했어요. 이 페이지만 봐도 중요한 공식과 내용을 파악할 수 있어요.

Chapter 1
생명과학 세계

Chapter 2
화학 세계

Chapter 3
물리 세계

Chapter 4
지구과학 세계

Chapter 1

생명과학 세계

식물의 생활과 종류

첫 단원에서 다루는 주제는 우리 주변의 식물이 자라는 원리와 식물의 기능입니다. 먼저, 식물이나 여러 생물이 서로 영향을 주고받으며 살고 있다는 것을 알아두세요.

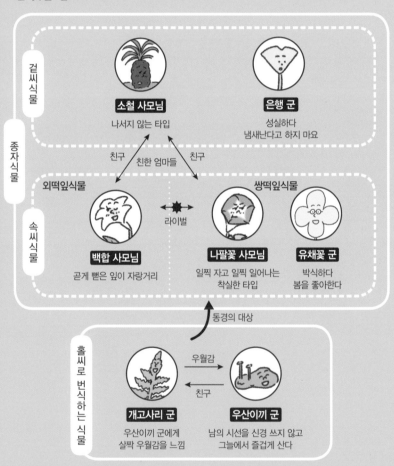

겉씨식물

소철 사모님
나서지 않는 타입

은행 군
성실하다
냄새난다고 하지 마요

종자식물

친구   친한 엄마들   친구

외떡잎식물

쌍떡잎식물

라이벌

속씨식물

백합 사모님
곧게 뻗은 잎이 자랑거리

나팔꽃 사모님
일찍 자고 일찍 일어나는
착실한 타입

유채꽃 군
박식하다
봄을 좋아한다

동경의 대상

홀씨로 번식하는 식물

우월감

친구

개고사리 군
우산이끼 군에게
살짝 우월감을 느낌

우산이끼 군
남의 시선을 신경 쓰지 않고
그늘에서 즐겁게 산다

현미경 사용 방법

실제로 아메바는 거대해지지 않으니 걱정하지 마세요. 여기서는 현미경의 올바른 사용 방법을 알아볼게요.

❶ 시야 전체가 일정하게 밝아지도록 **반사경** 각도와 조리개를 조정한다.

❷ 재물대 위에 프레파라트를 올리고 **대물렌즈**와 프레파라트의 거리를 짧게 조정한다.

❸ **조동나사**를 ❷와 반대 방향으로 돌려 대물렌즈와 프레파라트 사이를 조절하면서 초점을 맞춘다.

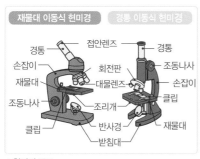

▲현미경 구조

P O I N T

◎ 현미경 배율=접안렌즈 배율 X 대물렌즈 배율

짚신벌레의 비밀

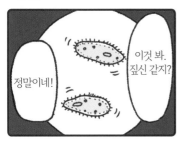

물속에 사는 작은 생물

짚신벌레는 연못이나 호수에 사는 자그마한 미생물입니다. 실제로는 도톰하지만, 현미경으로 관찰할 때 커버글라스에 눌려 뭉개지기 때문에 짚신 모양으로 보입니다.

　물속에는 짚신벌레처럼 무색이면서 움직이는 생물이 있는가 하면, 녹색이면서 움직이지 않는 생물도 있습니다. 단, 유글레나(연두벌레)는 녹색이지만 움직입니다.

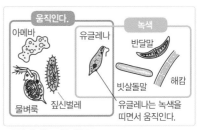

▲물속에 사는 작은 생물

Ⓟ Ⓞ Ⓘ Ⓝ Ⓣ
◦ 물속에 사는 작은 생물 중 유글레나는 녹색이지만, 움직인다.

속씨식물의 구조

'속에 씨가 숨어 있기' 때문에 **속씨식물**. 단어의 의미를 생각하면 꽃이 만들어지는 구조도 쉽게 알 수 있습니다. 헷갈리지 마세요. 물론 속씨식물은 속이 시커멓게 될 정도로 필사적일지도 모르겠지만….

암술머리에 **꽃가루**를 묻히는 것을 **수분**이라 하며, 수분이 된 후 성장하면서 **씨방**은 **열매**가 되고, **밑씨**는 **종자**가 됩니다. 또한 꽃잎의 밑동이 떨어져 있는 꽃을 **갈래꽃**, 꽃잎이 서로 붙어 있는 꽃을 **통꽃**이라고 합니다.

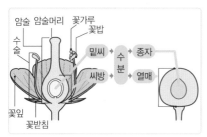

▲꽃과 열매의 관계

P O I N T

◉ 속씨식물은 밑씨가 씨방 속에 숨어 있다.

이게 우리 속씨식물의 꽃 단면도야.

유채꽃 군
나팔꽃 군

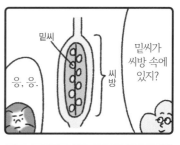

밑씨가 씨방 속에 있지?

밑씨
씨방
응, 응.

속씨식물의 '속씨'는 '속에 씨가 숨어 있다'는 의미야.

그렇구나!

'속이 씨커멓게' 탈 정도로 밑씨를 지키기 위해 필사적인 거구나!

…내 얘기 제대로 들었어?

겉씨식물은 벌거숭이

은행 군: '겉'은 '벌거숭이'라는 의미니까.

솔방울 군: 우리 겉씨식물은 씨방이 없어.

그리고 보니 우리도 벌거숭이네…

뭐?

…

왠지 부끄러워졌어.

헤헤.

겉씨식물의 구조

겉씨식물은 씨방이 없어 밑씨가 겉으로 드러나 있습니다. '겉씨'란 '겉으로 드러나 있는 씨'라는 의미입니다.

그래서 갑자기 부끄러워진 겉씨식물들. 식물이니까 옷을 안 입는 건 당연한데도 말이죠.

소나무 꽃에는 수꽃과 암꽃이 있고 수꽃의 인편에는 **꽃가루주머니(화분낭)**가, 암꽃의 인편에는 **겉으로 드러난 밑씨**가 있습니다. 수분이 끝나면 암꽃은 솔방울이 됩니다.

암꽃 → 인편 → 밑씨
수꽃 → 인편 → 꽃가루주머니 → 공기주머니 → 꽃가루
2년 전의 암꽃(솔방울) → 인편 → 날개 달린 종자 → 종자

▲겉씨식물의 꽃 만들기(소나무)

P O I N T

○ 겉씨식물은 밑씨가 겉으로 드러나 있다(알몸).

기공과 증산

큰일 났어요! 수증기를 너무 많이 방출해서 잎이 시들어버렸어요. 어서 기공을 닫아 수분 방출을 막아야 해요.

식물의 잎은 여러 세포가 모여 만들어졌습니다. 2개의 **공변세포** 사이에 생긴 구멍을 **기공**이라 하며, 이곳에서 수분이 수증기가 되어 밖으로 빠져나갑니다. 이러한 작용을 **증산**이라고 해요. 기공은 산소와 이산화 탄소의 출입구가 되기도 합니다.

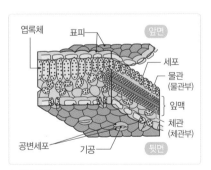

▲ 잎의 구조

P O I N T

○ 기공은 식물의 입으로 불리며, 이곳에서 산소와 이산화 탄소가 드나들면서 수증기가 나온다.

착각

왜 그러니?

으앙 으앙

래디시 아저씨   래디시 종자 군

뭐? 어디, 어디?

발아한 뿌리에 곰팡이가 생겼어요~

아, 그랬 구나.

표면적을 넓히는 효과가 있지.

아하하, 이건 곰팡이가 아니라 '뿌리털' 이란다.

털썩

뿌리가 뿌리펌한 것뿐이네~

물관과 체관

식물은 **뿌리털**로 물을 흡수해요. 흡수한 물은 물관을 지나 잎 끝까지 전달됩니다.

잎맥은 줄기의 **관다발**과 이어져 있어요. 관다발은 물이 올라가는 **물관**과 잎에서 만든 양분이 이동하는 **체관**이 모여 만들어졌습니다.

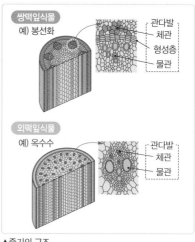

쌍떡잎식물
예) 봉선화

관다발
체관
형성층
물관

외떡잎식물
예) 옥수수

관다발
체관
물관

▲줄기의 구조

P O I N T

◦ 물관은 '물'을 옮기는 '관'이라고 외우자.

광합성

광합성은 햇빛을 받은 식물이 녹말 등의 양분을 만드는 과정을 말해요. 해가 지면 광합성을 할 수 없으니까 거짓말이 들통나버렸네요.

광합성은 **엽록체**에서 일어납니다.

물 + 이산화 탄소

⟶ 녹말 등 + 산소

햇빛

녹말은 물에 녹는 물질로 변해 체관을 지나 식물의 몸 전체로 전달된답니다.

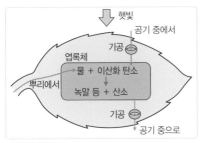

▲ 광합성의 작용

ⓅⓄⒾⓃⓉ

○ 광합성은 물과 이산화 탄소로 녹말과 산소를 만들어 내는 과정이다.

절전

↑ 사슴벌레 군

식물의 호흡

사람, 동물과 마찬가지로 식물도 **호흡**합니다. 사슴벌레 군, 식물 군에게 그런 질문을 하면 어떡해요.

만화에는 없지만, 사실 식물은 낮에도 호흡한답니다. 그런데도 이산화 탄소를 들이마시는 것처럼 보이는 이유는 호흡할 때 배출하는 양보다 광합성으로 흡수하는 양이 더 많기 때문이에요.

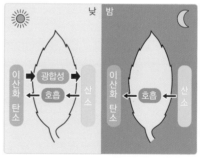

▲낮과 밤의 기체 출입

P O I N T
- 낮: 광합성과 호흡을 한다.
- 밤: 호흡만 한다.

외떡잎식물과 쌍떡잎식물

백합과 나팔꽃 사모님들. 서로 자신의 특징을 뽐내고 있네요. **외떡잎식물**과 **쌍떡잎식물**이니까 다른 게 당연한데 말이죠. 누가 더 잘났는지 정할 수 없겠죠?

	외떡잎식물	쌍떡잎식물
떡잎	1장	2장
뿌리 모양	수염뿌리	원뿌리 / 곁뿌리
줄기의 관다발	흩어져 있다	바퀴 모양으로 배열
잎맥	나란히맥	그물맥
대표 식물	옥수수 백합, 억새풀	유채꽃 민들레

▲ 외떡잎식물과 쌍떡잎식물의 특징

POINT

○ 속씨식물 중에 떡잎이 1장이면 외떡잎식물, 떡잎이 2장이면 쌍떡잎식물이다.

여자들의 싸움

뿌리도 하늘하늘 비단결이랍니다.

이렇게 곱게 뻗은 잎맥, 참 근사하지요?

찌릿

↑ 나팔꽃 사모님   ↑ 백합 사모님

외떡잎식물인 분은 취미도 단순한가 봅니다? 오호호.

어머나 사모님, 잎맥은 역시 그물맥이지요.

빠직

아니지요. 우리 애가 훨씬 귀엽다고요!

여, 여기 우리 애 좀 보셔요! 어쩜 이리 귀여운지요.

속씨식물은 피곤하네.

찌릿 찌릿

소철 사모님 (겉씨식물)

023

무서워하지 마

지면에 몸을 고정하기 위한 거라 수분은 흡수 못 하지만.

발랑

아, 그래도 나에겐 헛뿌리라는 게 있는 걸.

후후

응? 그럼 수분은 어떻게 섭취하는데?

으악!

다른 식물의 수분을 빼앗아 흡수하지.

부울

도망쳐!

농담인데….

꽃다발이라고?

우, 우, 우리는 홀씨로 번식하지요♪ 습한 곳을 무척 좋아하고요 ♬

우산이끼 군

개고사리 군

나도 모르게 신나서 노래했지만, 너랑 친구인 건 아냐.

아차….

관다발도 있어서 키가 쑥쑥 자란다고.

뭐?

우리 양치식물은 뿌리·줄기·잎을 또렷하게 구분할 수 있거든.

너 꽃도 피워?

꽃이 아니라! 관다발!

뭐? 꽃다발?!

홀씨로 번식하는 식물

양치식물과 **이끼식물**은 모두 종자를 만들지 않고 홀씨로 번식합니다. 동료인 것 같지만, 생김새는 전혀 다르죠?

▲양치식물의 몸(개고사리)

● 양치식물의 특징

 – 뿌리·줄기·잎을 구별할 수 있다.

 – 관다발이 있다.

 – 엽록체가 있고 광합성을 한다.

● 이끼식물의 특징

 – 뿌리·줄기·잎을 구별할 수 없다.

 – 몸을 지면에 고정해주는 **헛뿌리**가 있고 수분은 몸 전체로 흡수한다.

 – 관다발이 없다.

 – 엽록체가 있고 광합성을 한다.

▲이끼식물의 몸(우산이끼)

P O I N T

○ 양치식물과 이끼식물에는 홀씨주머니가 있고 홀씨로 번식한다.

사냥

히익. 도와줘요!

덥석

양배추 군

생각했는데 그다음은 여유가 오다니….

휴…. 살았다, 라고

으악! 또 뭔가 거대한 그림자가 다가오는데! 무서워!

휴…. 여우도 어디론가 가버렸군….

스르륵

생물들 간의 관계

자연의 세계에서는 여러 생물이 서로 영향을 주고받으며 공존합니다.

어떤 특정 환경과 그 안에 사는 생물을 일컬어 **생태계**라고 합니다.

그리고 생태계 속 생물 사이에서 '먹고 먹히는' 관계를 **먹이사슬**이라고 합니다. 생태계 속 생물의 수는 보통 피라미드 모양을 이루며, 이 모양을 일정하게 유지하고 있어요.

아래로 내려갈수록 수가 많다.

3차 소비자 (대형 육식동물)

2차 소비자 (소형 육식동물)

1차 소비자 (초식동물)

생산자 (식물)

▲생태계 피라미드

P O I N T

◦ 생물들 사이에서 '먹고 먹히는' 관계를 먹이사슬이라고 한다.

물질의 순환

이리하여, 표고버섯 씨는 우리 식탁에 오르게 되었다고 합니다.

평소에는 의식하지 못하지만, 균류도 세균류도 모두 우리 주변에 있는 생물이에요.

균류나 세균류 등 유기물을 무기물로 분해하는 미생물을 **분해자**라고 합니다.

또한 식물을 **생산자**, 식물과 다른 동물을 먹이로 취급하는 생물을 **소비자**라고 부릅니다.

생태계 내의 탄소와 산소 등은 생물의 활동으로 순환된다.

Ⓟ Ⓞ Ⓘ Ⓝ Ⓣ

◉ 생산자: 광합성을 하는 식물
◉ 소비자: 다른 생물을 먹는 생물, 미생물 등의 분해자를 포함한다.

우리는 자연계의 분해자~

세균류

표고버섯 씨
(균류)

우리야말로 먹이사슬의 최고봉이란 말씀!

모든 생물은 결국엔 분해되지…

꺄악

으하하하!

응?

인간은 무서워….

살려줘!

재, 우리랑 좀 다른 것 같기도 하고…

응?

민들레 군들 ↑

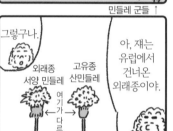

그렇구나.

외래종
서양 민들레

고유종
산민들레

여기가 다르다 →

아, 재는 유럽에서 건너온 외래종이야.

크 악

하나도 안 좋아!

종류가 많아지는 건 좋은 거잖아~

미, 미안해…

…외래종이 늘어나면 우리 생활 장소가 점점 줄어든다고.

순간, 엄청 무서웠어…

외래종과 고유종

무시무시하게 화가 난 산민들레 군. 그도 그럴 것이, 민들레 군들에게는 남의 일이 아니거든요.

서양 민들레처럼 인위적으로 지역을 옮겨 스스로 적응해 번식하게 된 생물을 **외래종**이라고 합니다. 반대로 산민들레처럼 예전부터 그 지역에 살고 있던 생물은 **고유종**이라고 합니다.

외래종은 도입종이라고 부르기도 해.

ⓟ ⓞ ⓘ ⓝ ⓣ

⊙ 사람이 가지고 들어와서 다른 지역에서 번식하게 된 생물을 외래종이라 한다.

지구온난화

태평한 민들레 군에게는 미안하지만, 지구온난화는 진지하게 대처해야 하는 중요한 과제입니다.

우리가 풍요로운 생활을 하게 되면서 최근 대기 중의 이산화 탄소 농도가 급상승했어요. 이산화 탄소는 지구에서 우주 쪽으로 향하는 열을 흡수했다가 다시 지구 쪽으로 방출하기 때문에 기온 상승을 일으키는 효과(**온실효과**)가 있습니다.

급격한 환경 변화는 많은 생물의 멸종으로 이어집니다.

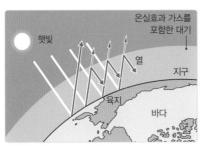

▲이산화 탄소의 온실효과

POINT

○ 대기 중에 상승하는 이산화 탄소의 농도가 지구온난화의 원인이다.

현미경 사용 방법

재물대 이동식 현미경

경통 — 접안렌즈
손잡이 — 회전판
재물대 — 대물렌즈
조동나사 — 조리개
클립 — 반사경
받침대

❶ 반사경과 조리개를 조절해서 시야를 밝게 한다.

❷ 프레파라트를 재물대 위에 올린다.

❸ 프레파라트와 대물렌즈의 거리를 가깝게 한다.

❹ 조동 나사로 대물렌즈와의 사이를 조절하면서 뚜렷하게 보이도록 초점을 맞춘다.

 공식

현미경 배율 = 접안렌즈 배율 × 대물렌즈 배율

꽃이 만들어지는 구조와 요소

속씨식물

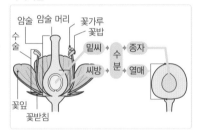

암술 암술 머리 꽃가루
수술 꽃밥
밑씨 → 수분 → 종자
씨방 → 열매
꽃잎
꽃받침

○ 속씨식물은 꽃받침·꽃잎·수술·암술 이 4가지 요소로 이루어져 있다.

속씨식물은 씨방 속에 밑씨가 숨어 있어요.

'속이 씨카멓게' 탈 정도로 밑씨를 지키기 위해 필사적인 거구나!

겉씨식물

암꽃 → 인편 → 밑씨
수꽃 → 인편 → 꽃가루주머니
꽃가루
공기주머니
2년 전의 암꽃(솔방울) → 인편 → 날개 달린 종자
종자

○ 수꽃과 암꽃이 있으며, 암꽃에는 겉으로 드러난 밑씨가 있다.

식물의 분류

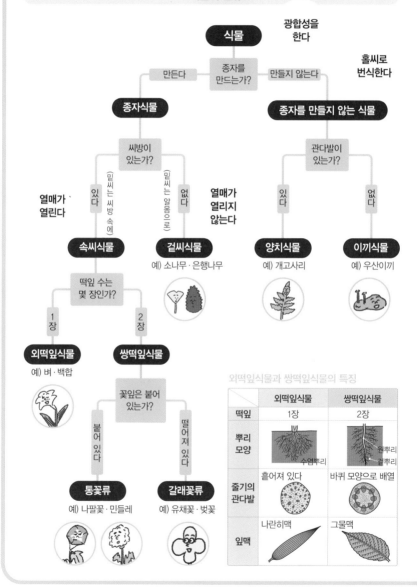

식물 — 광합성을 한다

종자를 만드는가?
- 만든다 → **종자식물**
- 만들지 않는다 (홀씨로 번식한다) → **종자를 만들지 않는 식물**

종자식물

씨방이 있는가?
- 있다 (밑씨는 씨방 속에) 열매가 열린다 → **속씨식물**
- 없다 (밑씨는 알몸으로) 열매가 열리지 않는다 → **겉씨식물**
  - 예) 소나무 · 은행나무

속씨식물

떡잎 수는 몇 장인가?
- 1장 → **외떡잎식물**
  - 예) 벼 · 백합
- 2장 → **쌍떡잎식물**

쌍떡잎식물

꽃잎은 붙어 있는가?
- 붙어 있다 → **통꽃류**
  - 예) 나팔꽃 · 민들레
- 떨어져 있다 → **갈래꽃류**
  - 예) 유채꽃 · 벚꽃

종자를 만들지 않는 식물

관다발이 있는가?
- 있다 → **양치식물**
  - 예) 개고사리
- 없다 → **이끼식물**
  - 예) 우산이끼

외떡잎식물과 쌍떡잎식물의 특징

	외떡잎식물	쌍떡잎식물
떡잎	1장	2장
뿌리 모양	수염뿌리	원뿌리, 곁뿌리
줄기의 관다발	흩어져 있다	바퀴 모양으로 배열
잎맥	나란히맥	그물맥

동물의 생활과 생물의 진화

이 단원에서는 우리 인간을 포함한 동물의 몸의 구조와 그 기능에 대해 알아보겠습니다. 또, 다양한 동물의 종류를 구분하여 파악합시다.

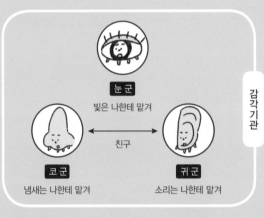

감각기관

눈 군
빛은 나한테 맡겨

코 군
냄새는 나한테 맡겨

← 친구 →

귀 군
소리는 나한테 맡겨

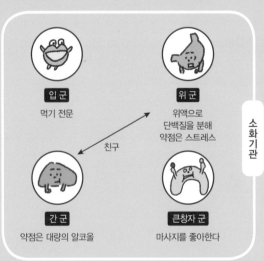

소화기관

입 군
먹기 전문

위 군
위액으로
단백질을 분해
약점은 스트레스

간 군
약점은 대량의 알코올

← 친구

큰창자 군
마사지를 좋아한다

혈구

적혈구 군
산소 배달원
부지런하다

동경의 대상
↓

백혈구 군
혈액계의 슈퍼영웅

세포의 구조

식물세포와 동물세포의 구조 차이를 정리해봅시다.

● 공통된 구조

핵: 염색액에 잘 물드는 부분.

세포막: 세포의 표면을 둘러싼 막.

● 식물세포의 특징적 구조

엽록체: 광합성이 이루어지는 부분.

세포벽: 세포막의 표면에 있는 튼튼한 구조물.

액포: 액으로 채워진 주머니.

핵과 세포벽을 제외한 나머지 부분을 **세포질**이라고 합니다.

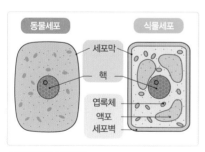

▲동물세포와 식물세포

Ⓟ Ⓞ Ⓘ Ⓝ Ⓣ

○ 동물세포와 식물세포 모두 핵과 세포막이 있다.

의미 없는 싸움

아무래도 아메바끼리 싸우고 있는 것 같아요….

네가 더 단세포야!

바보, 바보. 단세포야!

운동도,

핵도 하나뿐인 주제에.

같은 세포로 하면서!

소화도,

너야말로.

앗!

그저 사실일 뿐이잖아….

이거,

단세포생물과 다세포생물

둘 다 단세포생물이라, 다투는 것이 아니라 그저 사실만 말하고 있는 것으로 들리네요.

아메바처럼 몸이 세포 하나로 이루어진 생물을 **단세포생물**이라고 합니다. 단세포생물은 1개의 세포가 영양분을 흡수하거나 불필요한 물질을 배출하는 등 모든 기능을 혼자서 담당하고 있어요.

이와 달리 몸이 여러 개의 세포로 이루어진 생물을 **다세포생물**이라고 합니다. 다세포생물은 모양이나 기능이 같은 세포가 모여서 조직을 이루고, 몇 개의 조직이 모여서 하나의 기능을 담당하는 기관이 됩니다. 우리 인간도 다세포생물이랍니다.

P O I N T

◉ 생물에는 단세포생물과 다세포생물이 있다.

소화와 흡수

음식을 먹을 때 천천히 꼭꼭 씹어 먹도록 합시다. 급하게 먹으면 체하니까요.

입에서 시작해 식도 → 위 → 작은창자 → 큰창자를 지나 항문으로 끝나는 하나의 소화 통로를 **소화기관**이라고 합니다. 이곳에는 영양분을 분해해주는 다양한 **소화액**이 분비됩니다.

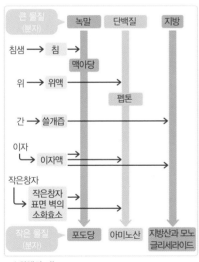

큰 물질 (분자)	녹말	단백질	지방
침샘 → 침			
	엿당		
위 → 위액			
		펩톤	
간 → 쓸개즙			
이자 → 이자액			
작은창자 → 작은창자 표면 벽의 소화효소			
작은 물질 (분자)	포도당	아미노산	지방산과 모노글리세라이드

▲ 소화액의 기능

POINT

◎ 영양분은 작은창자에서 흡수된다.

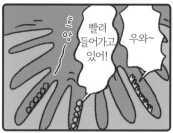

소화효소

소화액에 들어 있는 **소화효소**로 녹말은 포도당으로, 단백질은 아미노산으로 분해되어 작은창자의 **융털**에서 흡수되고 모세혈관으로 들어갑니다.

지방은 지방산과 모노글리세라이드로 분해되었다가, 융털 내에서 다시 지방이 되어 림프관으로 들어갑니다.

작은창자는 주름과 융털로 표면적을 넓혀 효율적으로 영양분을 흡수하고 있어요.

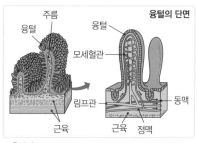

▲융털의 구조

ⓟⓞⓘⓝⓣ
- 포도당과 아미노산: 모세혈관으로 들어간다.
- 지방산과 모노글리세라이드: 지방이 되어 림프관으로 들어간다.

각자의 역할

자기가 맡은 일을 떠올린 적혈구 군. 모두 저마다 소중한 역할이 있답니다.

혈액은 **적혈구·백혈구·혈소판**이라는 고체 성분과 **혈장**이라는 액체 성분으로 이루어져 있어요.

백혈구는 체내에 들어온 세균을 붙잡아 분해하여 병에 걸리지 않게 도와줍니다.

적혈구는 헤모글로빈이라는 붉은 색소를 가지고 있으며, 폐에 들어온 산소를 혈액 순환을 통해 온몸으로 운반합니다.

혈소판은 피가 났을 때 혈액을 응고시켜주는 역할을 합니다.

POINT

◦ 헤모글로빈은 산소가 많은 곳에서는 산소와 결합하고, 산소가 적은 곳에서는 산소와 분리된다.

순환 노선

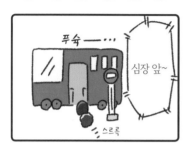

푸슉 ——⋯

심장 앞~

스르륵

혈액 버스
노선도

위쪽이
폐순환이고,
아래쪽이
체순환이네.

봐봐,
노선도가
있어.

ㄱㄱㄱㄱ⋯

부르릉⋯

한 바퀴
돌아
버렸어!

흐앗

다음은
심장 앞~

순환하는 혈액

심장에서 혈액이 나가는 혈관을 **동맥**, 혈액이 다시 심장으로 돌아오는 혈관을 **정맥**이라고 합니다.

심장에서 나온 혈액이 폐의 허파꽈리에서 산소와 이산화 탄소를 교환한 후, 다시 심장으로 돌아오는 순환 과정을 **폐순환**이라고 해요. 반대로 폐순환을 끝낸 혈액이 심장에서 폐를 제외한 온몸을 돌고 다시 심장으로 돌아오는 순환 과정을 **체순환**이라고 합니다.

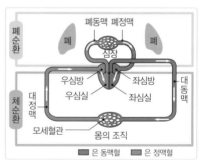

▲사람의 폐순환과 체순환

P O I N T
- 동맥혈: 산소량이 많은 혈액
- 정맥혈: 이산화 탄소량이 많은 혈액

소변이 만들어지기까지

혈액 속 요소와 같은 불필요한 물질은 **신장**에서 걸러지고 **소변**이 되어 몸 밖으로 배출됩니다. 실제로는 도망친다기보다, 쫓겨나는 느낌일지도?!

모세혈관에서 혈장이 스며 나와 세포 사이를 흐르는 액을 **조직액**이라고 해요. 세포에서 나온 이산화 탄소 등 필요 없는 물질은 먼저 조직액에 녹고, 혈액으로 들어가 폐나 신장 등 배출과 관련된 기관으로 운반됩니다.

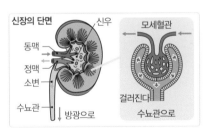

▲ 신장의 구조

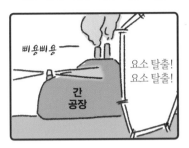

P O I N T
- 몸에 해로운 암모니아는 간에서 요소로 바뀌고, 신장에서 걸러져, 소변으로 배출된다.

신경계

신경의 종류

눈치 없는 사람을 '무신경'하다고 말하지만, 여우 군에게도 분명 신경은 있어요.

우리가 몸을 움직일 때 뇌와 척수는 근육으로 신호를 전달합니다. 이때 신호를 전달하는 신경을 **운동신경**이라고 합니다.

한편 감각기관에서 보내는 신호를 뇌와 척수로 전달하는 신경을 **감각신경**이라고 합니다.

신체 외부에서 받은 자극은 신호로 바뀌어 감각신경을 지나 뇌와 척수 등의 **중추신경**으로 전해집니다. 그리고 이곳에서 판단·결정한 신호가 운동신경을 지나 필요한 근육으로 전달됩니다.

P O I N T
- 신호가 들어온다: 감각기관→감각신경→중추신경
- 신호가 나간다: 중추신경→운동신경→근육

반응과 반사의 차이

물론 그것도 반사라고 말하지만, 여기서 배우는 반사는 빛의 반사와는 조금 달라요.

보통 **반응**이라 하면, 자극 신호가 뇌로 전달되어 뇌에서 판단·결정이 이루어집니다. 그러나 **반사**는 감각기관에서 보낸 신호가 척수로 전해져 운동신경으로 바로 명령이 전달되지요.

신호가 뇌를 거치지 않기 때문에 반사는 무의식중에 재빠르게 일어납니다.

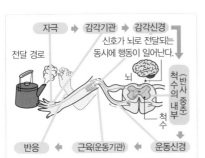

▲인간의 반사 구조

Ⓟⓞⓘⓝⓣ
◎ 반사: 어느 자극에 대해 의식과 관계없이 일어나는 반응

과학실 괴담

코 군
귀 군
눈 군

오잉, 뭐야 이거?

흠흠, 그리고?
소리는 안 나.
까맣고 둥근데.

알겠다, 초콜릿이야!
뭔가 달콤한 냄새… 카카오 같은.
킁 킁

인체모형
뿅
입 군
내가 나설 차례군.
우왓!

감각기관

우리가 초콜릿을 '맛있겠다!'라고 생각할 때 **감각기관**은 각각 어떻게 느끼고 있을까요?

감각기관을 통해 받는 자극은 정해져 있어요. 예를 들어, 눈은 아래와 같은 순서로 자극을 전달합니다.

❶ 각막과 눈동자를 통해 들어온 빛은 수정체에 닿아 굴절돼 망막 위에 상이 맺힌다.

❷ 망막에서 빛의 자극을 신호로 바꿔 시신경을 통해 뇌로 보낸다.

❸ 뇌는 신호를 받아 물체가 보인다고 판단한다.

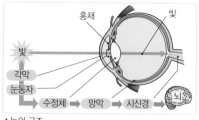

▲눈의 구조

POINT

○ 귀는 고막이 소리를 인식하여 진동하고,
청소골 → 달팽이관 → 청신경 → 뇌로 전달한다.

척추동물의 분류

털벌레도 털로 덮여 있어 따뜻해 보이지만, 항온동물은 아니에요.

항온동물이란 체온을 일정하게 유지할 수 있는 동물로, 등뼈가 있는 동물(척추동물) 중에서도 조류와 포유류만을 가리킵니다.

반대로 외부 온도가 바뀌면 체온도 변하는 동물을 **변온동물**이라고 합니다.

척추동물은 새끼를 낳는지 알을 낳는지에 따라 분류할 수 있어요. 어류·양서류·파충류·조류는 알을 깨고 새끼가 나오는 **난생**을 합니다. 한편 인간과 같은 포유류는 새끼를 모체 내에서 어느 정도 키운 다음 낳는 **태생**입니다.

P O I N T

○ 등뼈가 있는 척추동물: 어류, 양서류, 파충류, 조류, 포유류

잠이 많아

장수풍뎅이 군

등뼈가 없는 무척추동물에 속해요.

우리 곤충은 절지동물로,

ZZZZ...

재 같은 연체동물도 우리와 같은 무척추동물로…

빙글

앗, 자고 있잖아!

으~ 응… 음냐.

파닥파닥

문어 군 일어나! 제대로 자기소개 해야지.

음냐 음냐

이 무책임한 동물아!

나는 사실 무척 잠이 많은 동물이라고~

무척추동물의 분류

장수풍뎅이도 문어도 등뼈가 없는 **무척추동물**에 속해요.

이때 곤충류나 새우, 게와 같은 갑각류 등을 모두 **절지동물**이라고 합니다. 절지동물은 몸이 딱딱한 외골격으로 싸여 있고, 다리에 마디가 있어요.

문어나 오징어, 껍데기가 있는 종은 **연체동물**이라 하지요. 연체동물의 몸에는 내장을 덮는 외투막과 마디가 없는 부드러운 다리가 있습니다.

그밖에도 무척추동물에는 지렁이와 해파리, 성게 등 여러 종류가 있어요.

P O I N T

○ 절지동물과 연체동물 같은 등뼈가 없는 동물은 무척추동물이다.

진화

소원대로 하늘을 날았지만, 두 번 다시 돌아오지 못하겠지요. 먹고 먹히는 자연의 섭리를 보여주는 장면이었어요.

생물이 오랜 세월을 거쳐 변화해 가는 것을 **진화**라고 해요. 도마뱀 군들이 말한 것처럼 시조새는 파충류와 조류의 특징을 모두 가지고 있었어요. 이런 생물의 화석이 진화의 증거라 할 수 있습니다.

또한 척추동물의 앞발 등 겉모습과 기능은 달라도 그 기원이 같은 부분을 **상동기관**이라고 합니다. 이런 상동기관도 진화의 한 증거입니다.

POINT

◎ 진화: 생물이 오랜 세월을 거치면서 점차 변화해 많은 종류로 나뉘는 것

세포의 구조

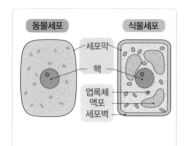

○ 모든 생물의 생명을 이루는 최소 단위를 세포라 한다. 동물세포와 식물세포 모두 핵과 세포막이 있다.

식물세포의 특징은
'녹색(엽록체)
벽(세포벽)에
액(액포)을 넣는다.'

생명을 유지하는 기능

소화액의 기능

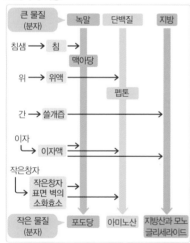

○ 영양분은 소화액의 분비로 체내에 흡수되기 쉬운 물질로 변한다.

순환하는 혈액

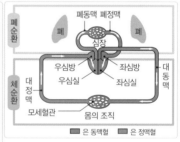

○ 폐순환: 심장 → 폐 → 심장
  체순환: 심장 → 폐를 제외한 온몸 → 심장

폐에서는 이산화 탄소를
내보내고, 산소를
받아들입니다.

동물의 분류

동물

등뼈가 있는가?
- 있다 → **척추동물**
- 없다 → **무척추동물**

척추동물을 제외한 모든 동물을 통틀어 부르는 호칭

무척추동물

외골격이
- 있다 → **절지동물** 예) 장수풍뎅이
- 없다 → **연체동물** 예) 문어
- 없다 → **기타** 예) 지렁이·해파리·성게·아메바

척추동물

체온은 일정한가?
- 일정 → **항온동물**
- 변한다 → **변온동물**

1년 내내 활동한다

생활 장소에 따라 다르다

항온동물

새끼를 낳는 방식은?
- 태생 → **포유류** 예) 사람·여우
- 난생 → **조류** 예) 참새

변온동물

호흡하는 방식은?
- 폐호흡 → **파충류** 예) 도마뱀
- 유생은 아가미호흡 성체는 폐호흡과 피부호흡 → **양서류** 예) 개구리
- 아가미호흡 → **어류** 예) 송사리

생명의 연속성

이 단원에서 다루는 주제는 생물의 성장과 새끼를 낳아 번식하는 방법입니다. 또, 생명이 이어지는 유전의 법칙에 대해서도 알아봅시다.

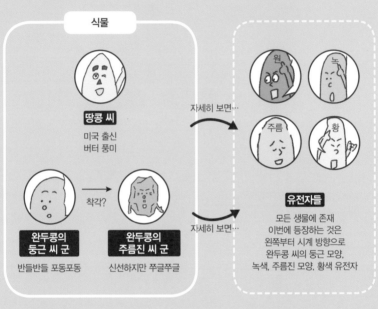

식물

땅콩 씨
미국 출신
버터 풍미

완두콩의 둥근 씨 군
반들반들 포동포동

착각?

완두콩의 주름진 씨 군
신선하지만 쭈글쭈글

자세히 보면…

자세히 보면…

유전자들
모든 생물에 존재
이번에 등장하는 것은
왼쪽부터 시계 방향으로
완두콩 씨의 둥근 모양,
녹색, 주름진 모양, 황색 유전자

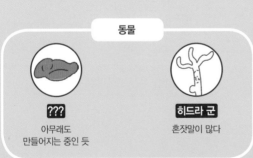

동물

???
아무래도
만들어지는 중인 듯

히드라 군
혼잣말이 많다

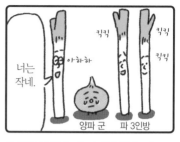

생물의 성장

기뻐하는 양파 군. 단 며칠 만에 놀랄 만한 성장을 보여줬어요. 양파 뿌리에 같은 간격으로 표시를 해두면 뿌리 끝부분이 길게 자란 것을 알 수 있답니다.

그 뿌리를 현미경으로 관찰해보면 끝부분의 세포에는 크기가 작은 것들이 많을 거예요. 1개의 세포가 활발하게 2개의 세포로 갈라지기 때문이에요. 이것을 **세포분열**이라고 합니다.

둘로 갈라진 세포는 각각 부피가 증가해 원래 세포와 거의 같은 크기가 되죠. 이 과정을 반복함으로써 몸 전체가 성장합니다.

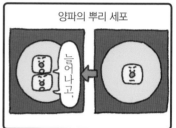

양파의 뿌리 세포

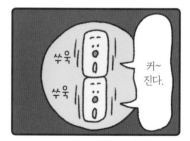

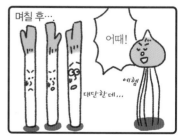

◎ 생물이 성장하는 방법
  세포분열이 일어난다. → 각각의 세포가 커진다.

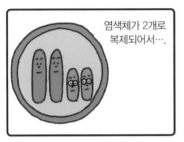

염색체가 2개로 복제되어서….

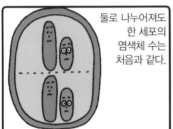

둘로 나누어져도 한 세포의 염색체 수는 처음과 같다.

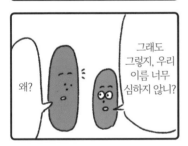

왜?

그래도 그렇지, 우리 이름 너무 심하지 않니?

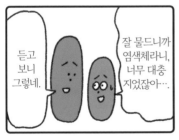

듣고 보니 그렇네.

잘 물드니까 염색체라니, 너무 대충 지었잖아….

염색체

대충 지었을지 몰라도 외우기 쉬운 이름이네요! 만약 물들지 않았다면 어떤 이름이 되었을지….

체세포분열이 일어날 때는 ❶ 염색체 복제로 그 수가 2배가 되고 ❷ 염색체가 둘로 나뉘어 양극으로 이동한 후 ❸ 세포가 둘로 분리됩니다.

결과적으로 분열 전과 후의 염색체 수는 같아요.

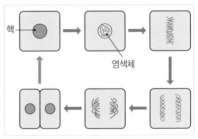

핵

염색체

▲체세포분열 과정

Ⓟ Ⓞ Ⓘ Ⓝ Ⓣ

○ 염색체 수는 생물 종류에 따라 정해져 있으며, 사람은 46개이다.

무성생식

사람이라면 무서운 상황이었겠지만, 이건 히드라 군의 이야기예요. 이러한 히드라의 번식 방법을 **출아**라고 하며, 이는 **무성생식**으로 분류됩니다.

무성생식은 생물의 암수 구별 없이 체세포분열이 일어나 새로운 개체를 만듭니다. 짚신벌레가 몸을 둘로 나누거나(**분열**), 감자가 덩이줄기에서 싹을 틔우는 것도(**영양생식**) 무성생식이죠. 이들 모두 몸의 일부에서 체세포분열을 하여 새로운 개체를 만듭니다.

식물의 꺾꽂이나 접목 등은 인공적으로 무성생식을 행하여 농업에 이용한 거예요.

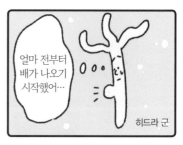

얼마 전부터 배가 나오기 시작했어…

히드라 군

후후후후

앗! 어느새 얼굴이?

히이익!

너의 몸을 빼앗아 버릴 테야~

나는 너의 악한 마음이다.

쭈우욱

쭈욱

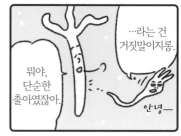

…라는 건 거짓말이지롱.

뭐야, 단순한 출아였잖아.

안녕—

○ 무성생식: 암수 구별 없이 체세포분열로 새로운 개체를 만들어 번식하는 방법

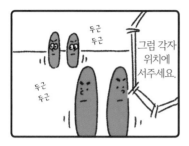

두근 두근

두근 두근

그럼 각자 위치에 서주세요.

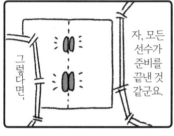

그렇다면,

자, 모든 선수가 준비를 끝낸 것 같군요.

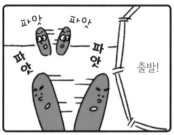

파앗 파앗

파앗

파앗

출발!

…염색체 수가 멋지게 반으로 줄었어요! 생식세포 완성!

감수분열

멋지게 감수분열이 일어나 생식세포가 완성되었습니다! 감동적이네요.

난자, 정자 등의 생식과 관련된 생식 세포가 만들어질 때는 염색체 수가 반으로 줄어드는 **감수분열**이 일어납니다.

감수분열에서 염색체 수는 반으로 감소되지만, 암수 생식세포가 조절하기 때문에 수정란의 염색체 수는 원래대로입니다.

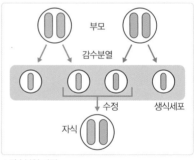

▲ 감수분열 과정

Ⓟ Ⓞ Ⓘ Ⓝ Ⓣ
○ 유성생식: 암수 생식세포의 수정으로 자손을 늘리는 방법

동물의 발생

정답은 **배아**였어요. 여러분도 맞췄나요? 너무 쉬웠죠?

수컷 개구리의 정소에서 정자가 만들어집니다. 또, 암컷의 난소에서는 난자가 만들어지죠. 이러한 생식세포가 수정하여 하나의 세포인 수정란이 되면 분열이 일어나고 배아가 생깁니다.

배아의 세포가 분열하고 부모와 같은 모습으로 성장하는 과정을 **발생**이라고 해요.

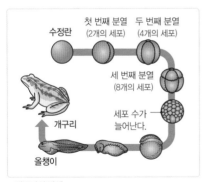

▲개구리의 발생

🅟🅞🅘🅝🅣
◎ 배아: 동물의 경우, <u>스스로 먹이를 먹기 시작하기 전</u>까지의 어린 개체를 말한다.

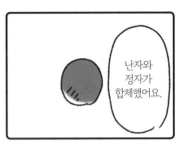

감동, 수정!

식물의 발생

속씨식물은 ❶ 수술의 꽃밥에서 꽃가루를 만드는데, 그 속에서 **정세포**가 생깁니다. ❷ 암술머리에 붙은 꽃가루는 **꽃가루관**이 되어 밑씨로 뻗어 나갑니다. ❸ 정세포는 이 관을 통해 밑씨에 도달하고, 정세포와 난세포의 핵이 합체합니다(수정). ❹ 수정란은 세포분열을 하여 배아가 되고, 밑씨 전체가 종자가 됩니다.

정세포가 고난을 극복하며 난세포를 만나러 가는 것 같지 않나요?

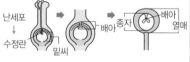

▲식물의 발생

순수계통

둥근 씨의 **순수계통**에서 태어난 완두콩 군. 처음 본 주름진 씨를 할아버지라고 오해한 듯하네요.

씨의 둥근 모양과 주름진 모양처럼 생물의 특징이 되는 형태나 성질을 **형질**이라고 합니다. 또, 씨의 둥근 모양과 주름은 1개의 개체에서 동시에 나타나지 않는 형질이라, **대립형질**이라고 합니다.

순수계통의 완두콩은 스스로 수분을(자가수분) 하기 때문에 여러 세대를 거쳐도 유전자 조합이 변하지 않고 모두 부모와 같은 형질이 나타납니다. 예를 들어, 유전자 AA와 AA를 합치면 나오는 조합은 AA뿐인 것처럼요.

↑둥근 씨 군

주름진 씨 군

탄생의 비밀?

ⓅⓄⒾⓃⓉ

◉ 순수계통은 유전자 조합이 바뀌지 않는 개체다.

대립의 최후

요즘 유행은 주름진 씨라고.

고리타분하기는…

씨라고 하면 당연히 둥근 모양이지!

↑주름진 모양의 유전자 　 ↑둥근 모양의 유전자

한편 같은 시각…

아니, 황색으로 하자!

떡잎은 녹색으로 하자.

황색 유전자 　 녹색 유전자

흥, 너랑은 이제 말 안 해.

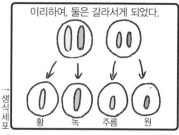

이리하여, 둘은 갈라서게 되었다.

↑생식세포

황 　 녹 　 주름 　 원

유전의 법칙

아래 그림은 대립형질의 순수계통끼리 교배시킨 모델입니다. 한 쌍의 유전자가 나뉘어 서로 다른 생식세포로 들어가게 됩니다.

자손 1대에서는 모든 개체가 둥근 씨로 태어납니다. 하지만 자손 2대에서는 둥근 모양 : 주름진 모양의 형질이 3 : 1의 비율로 나타납니다.

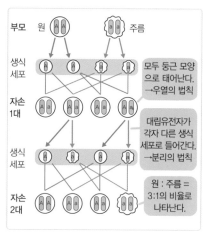

부모　원　　　주름

생식세포　모두 둥근 모양으로 태어난다. →우열의 법칙

자손 1대

생식세포　대립유전자가 각자 다른 생식세포로 들어간다. →분리의 법칙

자손 2대　원 : 주름 = 3:1의 비율로 나타난다.

▲유전의 법칙 모델 그림

P O I N T

○ 분리의 법칙: 대립하는 유전자가 서로 다른 생식세포로 들어가는 것

우성과 열성

말이 안 통하는 상대에게 유전의 법칙을 가르치기 위해 완두콩의 둥근 씨 군이 열심입니다. 하지만 잘 전해지지 않은 듯하네요.

여기서 잠시 앞에서 배운 내용을 떠올려봅시다. 둥근 모양과 주름진 모양의 순수계통끼리 교배했더니 모두 둥근 씨로 나타났어요. 즉, 둥근 형질을 나타내는 유전자를 1개라도 가진 개체는 둥근 씨가 되는 거죠.

이런 경우 둥근 씨의 형질을 **우성** 형질, 주름진 씨의 형질을 **열성** 형질이라고 합니다.

단, 우성 형질이라고 해서 그 형질이 무조건 뛰어난 것은 아닙니다.

POINT

○ 개체가 대립형질의 양쪽 유전자를 가질 때 나타나는 쪽이 우성 형질이고, 나타나지 않는 쪽이 열성 형질이다.

세포분열

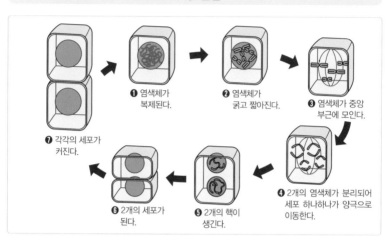

❶ 염색체가 복제된다.

❷ 염색체가 굵고 짧아진다.

❸ 염색체가 중앙 부근에 모인다.

❹ 2개의 염색체가 분리되어 세포 하나하나가 양극으로 이동한다.

❺ 2개의 핵이 생긴다.

❻ 2개의 세포가 된다.

❼ 각각의 세포가 커진다.

양파의 뿌리 세포

분열한 세포 하나하나가
커지면서 생물의 몸도 커집니다.

감수분열

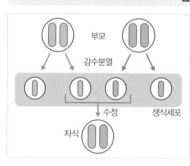

부모

감수분열

수정   생식세포

자식

○ 생식세포가 만들어질 때 염색체 수
는 체세포의 절반으로 줄어든다.
→ 감수분열

동물은 난자나 정자, 식물은 난세포나
정세포가 만들어질 때 일어납니다.

…염색체 수가
멋지게 반으로
줄었어요!
생식세포 완성!

생물의 번식

개구리의 발생

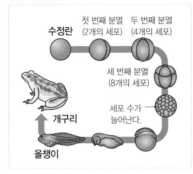

수정란 → 첫 번째 분열 (2개의 세포) → 두 번째 분열 (4개의 세포) → 세 번째 분열 (8개의 세포) → 세포 수가 늘어난다. → 올챙이 → 개구리

○ 난자와 정자 → 수정란
○ 분열이 일어날 때 세포 수는 증가하지만, 각 세포의 크기는 작아진다.

식물의 유성생식

속씨식물의 수정

❶ 정세포의 핵이 난세포의 핵과 합체한다.
❷ 수정란은 분열을 반복하여 배아가 된다.
❸ 밑씨 전체는 씨가 된다.

난세포 → 수정란 ← 밑씨 → 배아 종자 → 배아 열매

○ 난세포와 정세포 → 수정란

유성생식과 달리 암수 구별 없이 번식하는 방법을 무성생식이라고 합니다.

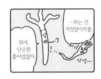

...라는 건 거짓말이지롱.
뭐야, 단순한 출아겠잖아.
안녕—

유전의 법칙

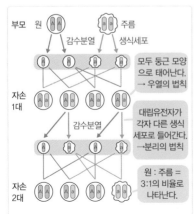

부모 원 / 주름
감수분열 / 생식세포

자손 1대

모두 둥근 모양으로 태어난다. → 우열의 법칙

감수분열

대립유전자가 각자 다른 생식세포로 들어간다. →분리의 법칙

자손 2대

원 : 주름 = 3:1의 비율로 나타난다.

법칙 ▶ 분리의 법칙

대립하는 유전자가 감수분열을 통해 서로 다른 생식세포로 들어간다.

법칙 ▶ 우열의 법칙

우성과 열성, 양쪽 유전자가 들어가면 우성 형질이 나타난다.

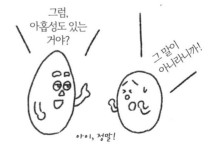

Chapter 2

화학 세계

우리 주변의 물질

이 단원에서 다루는 주제는 우리 주변의 다양한 물질의 성질입니다.
또한 이를 활용한 물질 구별 방법도 함께 알아두세요.

금속

철 군
가장 유용한 금속 1등
자리만큼은 양보할 수 없어

◆ 라이벌

금 할아버지
자신감이 넘쳐흐른다
왜냐하면 금이니까

기체

물에 안 녹는다

산소 군
둥근 안경이
매력 포인트

수소 군
입 모양에 주목

사이좋은
4인조

물에 녹는다

이산화 탄소 군
용기는 있지만
덜렁이

암모니아 군
무서워 보이는
얼굴이 고민

실험기구

분젠 버너 군
불꽃색이 변하면
성격이 확 바뀐다던데…?

눈금실린더 군
액체를 잘 잰다
눈높이를 맞춰서 옆에서 봐줘

물질 구별하기

유기물 산신령은 달렸다.
속도가 너무 빨라서 그만 불이 나고,
이산화 탄소와 물을 뿜어내다가,
재가 되었다나 뭐라나?
(경사 났네, 경사 났어)

유기물 산신령처럼 활활 타면서 이산화 탄소를 뿜어내는 물질을 **유기물**, 식염과 탄소 등의 유기물 이외의 물질을 **무기물**이라고 해요.

$$유기물 \xrightarrow{\text{탄다}} 이산화 탄소(+물)$$

로 외웁시다.

우리에게 익숙한 플라스틱 제품도 유기물이기 때문에 태우면 **재**가 되고, 이산화 탄소가 나옵니다.

P O I N T

◉ 모든 유기물은 타면서 이산화 탄소를 내뿜는다.

금속의 자존심

금 할아버지

내가 No.1 이지.

'금속' 이라면,

아뇨, 아뇨.

자석에 달라붙는 제가 No.1이죠.

철 군

파직파직

뭐지, 뭐지? 나도 끼워줘요~

슥

↑비커 군

너무해~

뻥

너는 금속이 아니잖아!

금속과 비금속

비커 군…. 비커 군은 유리지, 금속이 아니에요.

그렇다면, 금속이란 뭘까요?

금속의 공통된 성질

● 닦으면 특유의 윤기가 난다 (금속광택).
● 전기와 열이 잘 통한다.
● 세게 두드리면 얇아지면서 넓게 펴지고(전성), 당기면 가늘게 늘어난다(연성).

이 모든 조건에 들어맞는 물질이 금속입니다. 금속은 금, 은, 동, 알루미늄 등이 있어요.

철(Fe) 군이 말한 '자석에 달라붙는다'라는 성질은 금속의 공통된 특징이 아니랍니다.

ⓟⓞⓘⓝⓣ

◎ 금속이라고 모두 자석에 달라붙는 것은 아니다.

몸무게 재는 법

밀도 구하는 공식

❶ 물질에 따라 밀도가 정해져 있다.

❷ 밀도와 부피를 알면 질량을 알 수 있다. 2가지가 이번 주제입니다.

물질 1cm³당의 질량을 **밀도**라고 하며, 밀도는 다음 식으로 구할 수 있습니다.

> ### 밀도 구하는 식
>
> $$밀도(g/cm^3) = \frac{물질의\ 질량(g)}{물질의\ 부피(cm^3)}$$

이 식을 변형하면 질량=밀도×부피가 됩니다.

고무마개 소년은 이 식으로 철순이의 질량을 계산한 거랍니다.

$$7.87(g/cm^3) \times 2(cm^3) = 15.74(g)$$
↳ 철의 밀도

무서운 녀석 같으니!

POINT
◎ 같은 물질은 밀도도 같다.
◎ 밀도(g/cm³)=질량÷부피

옆에서 읽어야 해!

150cm³!

땡.

으음...
190cm³!

눈금실린더 군

땡.

200cm³?

어이쿠~

휴,
잡았다.

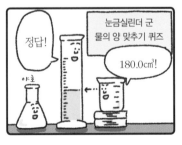

정답!

눈금실린더 군
물의 양 맞추기 퀴즈

180.0cm³!

야호

눈금실린더의 바른 사용법

눈금실린더는 액체의 부피를 재는 기구입니다.

사용하기 전에 흔들리지 않는 평평한 곳에 놓고, 액체의 높이와 **눈높이**를 맞춰 옆에서 눈금을 읽어야 해요.

그리고 눈금실린더 군은 액체뿐만 아니라 고체의 부피도 잴 수 있어요. 액체가 들어 있는 눈금실린더에 고체를 넣었을 때 늘어난 부피의 양 만큼이 고체의 부피랍니다.

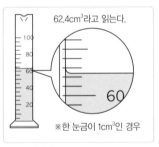

62.4cm³라고 읽는다.

100
80
60
40
20

60

※한 눈금이 1cm³인 경우

▲눈금실린더

P O I N T

○ 눈금은 눈높이를 맞춰 옆에서 읽는다.
○ 한 눈금의 값을 10분의 1까지 읽도록 한다.

분젠 버너 사용 방법

여러분도 분젠 버너의 화력조절 나사를 잘못 건드려서 당황한 적 있지요?

우선 사용하기 전에 분젠 버너의 두 나사가 제대로 닫혔는지 확인하세요.

그리고 가스를 켤 때는,

❶ 밸브(콕이 있다면 콕도)

❷ 가스조절 나사: 불꽃 크기

❸ 공기조절 나사: 불꽃 색

의 순서를 지켜야 해요.

올바른 순서는 '밸·가·공'으로 외웁시다.

▲분젠 버너

POINT

◎ 위는 공기, 아래는 가스

기체를 모으는 방법

이산화 탄소 군, 공기보다 무거워서 집기병 바닥에서 못 올라오고 있네요.

기체를 모으는 방법은 성질에 따라 각기 다르답니다.

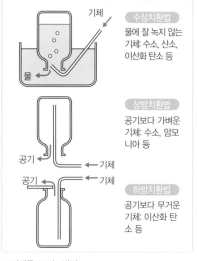

수상치환법
물에 잘 녹지 않는 기체: 수소, 산소, 이산화 탄소 등

상방치환법
공기보다 가벼운 기체: 수소, 암모니아 등

하방치환법
공기보다 무거운 기체: 이산화 탄소 등

▲기체를 모으는 방법

POINT

○ 이산화 탄소는 수상치환법이나 하방치환법으로 모을 수 있다.

기체의 성질

암모니아 군이 물에 들어가자마자 사라진 것은 물에 잘 녹기 때문이에요.

수소와 산소는 물에 잘 녹지 않고, 이산화 탄소는 조금만 녹아요.

	물에 녹는 정도	공기와 비교한 무게	기타 성질
수소	잘 안 녹는다.	매우 가볍다.	불을 붙이면 소리가 나면서 탄다.
산소	잘 안 녹는다.	조금 무겁다.	물질을 태우는 특성이 있다.
질소	잘 안 녹는다.	조금 가볍다.	공기 부피의 약 78%를 차지한다.
염소	잘 녹는다.	무겁다.	황녹색으로, 자극적인 냄새가 난다.
이산화 탄소	조금 녹는다.	무겁다.	석회수를 뿌옇게 흐려지게 만든다.
암모니아	매우 잘 녹는다.	가볍다.	수용액이 염기성을 띠고 자극적인 냄새가 난다.

▲기체의 주된 성질

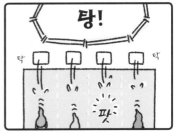

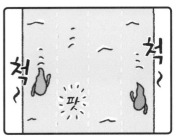

◎ 산소: 물질을 태우는 특성이 있다.
◎ 수소: 기체 자체가 탄다.

그리고 행복하게 잘 살았답니다

녹아버렸지만, 지금도 할아버지는 이 속에 살아 있단다.

흐음.

↑소금 군

오늘은 손주가 왔어요.

할아범,

덜커덕

할머니!

첨벙

앗!

미끄덩

어라! 해피엔딩 인가?

건강하게 지내거라~

소금 할아버지의 꿈

↑소금 할머니

덜커덕

한 번만이라도 좋으니 뜨끈한 물에 몸을 담그고 싶구먼….

↑소금 할아버지

으잇차!

멈, 멈춰요….

첨벙

할아버지가 녹아 버렸네!

잘 지내소….

농도

소금 할아버지와 할머니가 목욕물에 녹아버렸어요.

　설탕물이나 식염수에 녹아 있는 물질(설탕, 식염)은 **용질**, 녹이는 액체 (물)를 **용매**, 이를 합쳐 **용액**이라고 합니다.

용질 + 용매 = 용액

　이런 관계랍니다. 설탕물이나 식염수 같은 용매를 물로 하여 만들어진 용액이 수용액입니다. 수용액은 모든 부분이 농도가 균일하며, 시간이 지나도 변하지 않아요.

　또, 식염수 속에 녹아 있는 식염의 질량이 **퍼센트 농도**입니다.

농도 구하는 공식

$$\text{퍼센트 농도}(\%) = \frac{\text{용질의 질량}(g)}{\text{용액의 질량}(g)} \times 100$$

$$= \frac{\text{용질의 질량}(g)}{\text{용질의 질량}(g) + \text{용매의 질량}(g)} \times 100$$

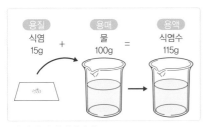

▲용액, 용질, 용매의 관계

◎ 분모의 용액은 '용질 + 용매'라는 점을 기억하자.

↑백반 닌자 ↑소금 닌자

용해도

따뜻한 물에 숨었던 백반 닌자는 다음 날 발견되고 말았어요. 물이 점점 식으면서 덜 녹았던 백반 닌자의 일부(조금 무섭지만)가 결정이 돼서 그래요. 안타깝네요!

물 100g에 최대로 녹을 수 있는 용질의 양을 **용해도**라고 합니다.

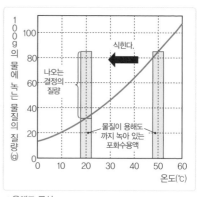

▲용해도 곡선
용해도는 물질과 온도에 따라 정해져 있다.

POINT

◉ 대부분의 고체는 온도가 높아지면 용해도가 커진다.

재결정

잘 숨었던 소금 닌자였지만 햇빛에 물이 증발해버려서 들키고 말았어요. 안타깝네요!

물에 녹은 물질을 **재결정**하는 방법에는 2가지가 있습니다.

❶ 물의 온도를 낮춘다.
　　예) 백반
❷ 물을 증발시킨다.
　　예) 식염(염화 나트륨)

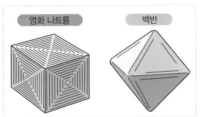

| 염화 나트륨 | 백반 |

▲다양한 결정

POINT

○ 식염은 물의 온도가 올라가더라도 용해도는 크게 달라지지 않는다.

어떨 때는 단단하고 강인한 튼튼한 바디

어떨 때는 어디든 통과하는 연체 바디

또 어떨 때는 눈에 보이지 않는 투명 바디

물!

그 정체는…

에헤헤 나 정말 대단하지?

물의 상태 변화

물질에는 3가지 상태가 있습니다.

고체: 모양과 부피가 거의 일정하고 변하지 않는다. 입자 간격이 규칙적이고 빽빽하게 배열되어 있다.

액체: 모양은 자유자재로 바뀌어도 부피는 거의 변하지 않는다. 입자 간격이 느슨하고 입자의 이동이 자유롭다.

기체: 모양이 자유자재로 바뀌고 부피도 쉽게 변한다. 입자 사이의 간격이 매우 느슨하고 입자의 이동이 자유롭다.

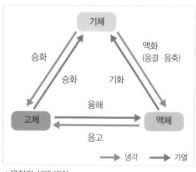

▲ 물질의 상태 변화

○ 물질의 상태가 변해도 성질은 같다는 것을 기억하자.

끓는점과 녹는점

액체에서 기체로 상태가 변할 때는,

증발: 액체 표면에서 일어나는 기체 변화

비등(끓음): 액체 내부에서 일어나는 기체 변화

2종류가 있습니다.

액체가 끓기 시작하면서 기체가 되는 온도를 **끓는점**이라고 하고, 고체가 녹아서 액체가 되는 온도를 **녹는점**이라고 합니다.

<어른들이 하는 사랑에 관해>
증발에는 사람이
갑자기 행방불명이
된다는 의미도 있답니다….

- 순수한 물질의 끓는점·녹는점은 정해져 있다(물은 100℃와 0℃).

밀도 구하는 공식

 밀도(g/cm³) = $\dfrac{\text{물질의 질량(g)}}{\text{물질의 부피(cm}^3)}$

농도 구하는 공식

 퍼센트 농도(%) = $\dfrac{\text{용질의 질량(g)}}{\text{용액의 질량(cm}^3)}$ × 100

용질의 질량 + 용매의 질량

기체의 성질

	산소	이산화 탄소	수소	질소	암모니아
공기와 비교한 무게	조금 무겁다.	무겁다.	매우 가볍다.	조금 가볍다.	가볍다.
물에 녹는 정도	잘 안 녹는다.	조금 녹는다.	잘 안 녹는다.	잘 안 녹는다.	매우 잘 녹는다.
발생 시키는 방법	이산화 망가니즈에 묽은 과산화 수소 수를 넣는다.	석회석에 묽은 염 산을 넣는다.	아연과 마그네슘 등의 금속에 묽은 염산을 넣는다.		염화 암모늄과 수 산화 칼슘을 혼합 하여 가열한다.
모으는 방법	수상치환법	수상치환법 하방치환법	수상치환법	수상치환법	상방치환법
기타 성질	물질을 태우는 특 성이 있다.	석회수를 뿌옇게 흐려지게 만든다.	불을 붙이면 소리 가 나면서 탄다.	공기 부피의 약 78%를 차지한다.	수용액이 염기성을 띠고 자극적인 냄 새가 난다.

암모니아는 물에 잘 녹고,
이산화 탄소는 조금만 녹습니다.

상태의 변화

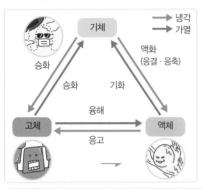

○ 보통 물질은 고체에서 액체로 바뀌면 부피가 증가한다. 단, 물은 예외로 부피가 감소한다.

물질의 끓는점 · 녹는점

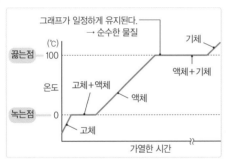

◀물을 가열했을 때의 온도 변화

○ **끓는점**
끓어오르면서 액체→기체로 변할 때의 온도

○ **녹는점**
고체→액체로 변할 때의 온도

용해도와 재결정

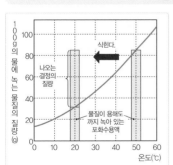

○ **재결정시키는 방법**
❶ 수용액을 식힌다.
❷ 물을 증발시킨다.

용액의 온도를 낮추면 백반이 재결정됐었죠?

화학 변화와 원자·분자

이 단원에서는 물질을 더 작은 입자로 나눕니다. 또, 다양한 물질의 화학 변화를 정리합니다.

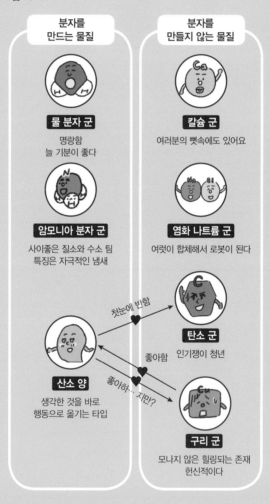

분자를 만드는 물질

물 분자 군
명랑함
늘 기분이 좋다

암모니아 분자 군
사이좋은 질소와 수소 팀
특징은 자극적인 냄새

산소 양
생각한 것을 바로
행동으로 옮기는 타입

분자를 만들지 않는 물질

칼슘 군
여러분의 뼛속에도 있어요

염화 나트륨 군
여럿이 합체해서 로봇이 된다

탄소 군
인기쟁이 청년

구리 군
모나지 않은 힐링되는 존재
헌신적이다

첫눈에 반함

좋아함

좋아하… 지만?

원자

원자 군, 다이어트 실패네요.

원자에는 다음과 같은 성질이 있습니다.

❶ 더는 쪼갤 수 없다.

❷ 없어지지 않는다. 새로 생기거나 다른 종류로 변하지 않는다.

❸ 질량과 크기가 정해져 있다.

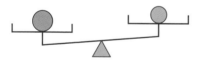

원자는 아주 작은 입자로, 물질의 고유한 성질이 없어요. 즉, 수소 원자 하나만으로는 수소의 성질을 띠지 않아요.

P O I N T

◎ 원자: 더는 쪼갤 수 없는 작은 입자

원자 개수 대결?

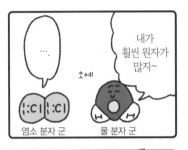

내가 훨씬 원자가 많지~

...

오예

염소 분자 군 | 물 분자 군

두둥

?

제가 훨씬 많습니다~

염화 나트륨 로봇

죄송합니다.

분자가 아니니까 반칙이야.

분자

물질을 쪼갰을 때 그 물질의 성질을 잃지 않는 가장 작은 입자를 **분자**라고 해요. 물질의 성질을 잃지 않는다는 것이 원자와 다른 점입니다.

예를 들어, 수소 원자 2개와 산소 원자 1개가 결합해야만 물이 됩니다.

단, 금속과 탄소, 금속 등 화합물의 대부분은 원자가 빼곡히 들어차 있으며 분자를 만들지 않습니다.

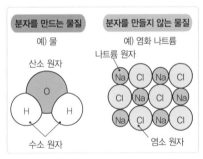

▲ 다양한 물질의 모델

P O I N T

◎ 분자: 물질의 성질을 가지는 최소 단위

화학식

기체 상태의 질소와 수소는 아무 냄새도 안 나는데, 원자가 결합만 하면 자극적인 냄새가 진동하다니…(훌쩍).

화학식은 원자 기호와 숫자로 물질을 이루는 요소를 나타낸 식이에요. 화학식을 보면 물질이, 어떤 원자가, 몇 개가 모여 이루어져 있는지 알 수 있답니다.

염화나트륨($NaCl$)이나 **암모니아**(NH_3)처럼 다른 원자와 정해진 수 또는 비율로 결합해서 그룹을 결성한 물질도 있고, **마그네슘**(Mg)이나 **칼슘**(Ca)처럼 다른 원자와 결합하지 않고 솔로 활동을 하는 물질도 있답니다.

칼슘(Ca)입니다.

마그네슘(Mg)입니다.

너희는 그룹명이구나.

우리는 염화(Cl)나트륨(Na)입니다.

우리도 자기소개 할래~

지, 지, 지, 지, 지독한 냄새!

질소와 수소 팀이지만 이름은 암모니아야~

○ CO_2: 산소 원자가 2개라서 이산화 탄소

귀한 손님

나는 혼합물이야.

나도. 비커 군은?

나는 순물질일세.

수소 군

↑유리 재질   ↑금 할아버지

아, 물 군은 순물질…

그럼 나는 뭐야?

어?

개굴

개굴개굴

!

안에 개구리가?!

뭐? 웬 개구리?!

개굴

깩!

혼합물~

아니, 혼입된 거야…

하하하

순물질과 혼합물

수소 군은 개구리가 무서운가 봐요.

여기서는 우리 주변에 있는 물질을 순물질과 혼합물로 분류해볼게요.

순물질은 한 종류의 물질만으로 이루어진 물질입니다. 물, 염화 나트륨, 철, 산소 등이 있어요.

반대로 **혼합물**은 여러 물질이 섞여 있습니다.

식염수, 공기, 연납, 비커 군의 유리 등이 여기에 속합니다. (개구리도…?)

P O I N T

○ 순물질은 한 종류의 물질만으로 이루어져 있으며, 성질이 일정하다.

홑원소 물질과 화합물

순물질을 좀 더 분류해볼게요.

홑원소 물질은 1종류의 원자만으로 이루어진 물질이에요. 더 이상 다른 물질로 분해하지 못합니다.

화합물은 2종류 이상의 원자로 이루어진 물질이에요. 화합물로 이루어진 물질이기도 합니다. 홑원소 물질 또한 화합물도 분자를 만드는 경우와 만들지 않는 경우가 있습니다.

		분자를 만드는 물질	분자를 만들지 않는 물질
순물질 (순수한 물질)	홑원소 물질	H_2, O_2	Cu, Fe
	화합물	H_2O, CO_2	CuO, NaCl
혼합물		식염수, 공기, 주스 등	

※ 물질의 표는 왼쪽에 "물질"로 묶임

▲물질의 분류

○ 화합물은 2종류 이상의 원자, 혼합물은 2종류 이상의 물질로 이루어져 있다.

산소의 마음은 갈대

산화와 환원

알콩달콩한 구리 군과 산소 양 앞에 때마침 훈남인 탄소 군이 나타났어요. 결국 갈대 같은 산소 양을 탄소 군에게 빼앗겨버렸네요. 남은 건 구리 군뿐.

이 상황을 화학반응식으로 나타내면,

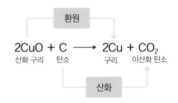

$$2CuO + C \longrightarrow 2Cu + CO_2$$

산화 구리   탄소   구리   이산화 탄소

이렇게 됩니다.

산화물에서 산소를 잃게 되는 화학 변화가 **환원**입니다.

반대로 물질이 산소와 화합하는 화학 변화는 **산화**입니다.

P O I N T

◦ 환원과 산화는 항상 쌍으로 일어난다.

어째서 늘어나는 거야?

질량 보존의 법칙

'불'에 태우는 것을 즐기는 철 군도, 계속 책을 읽었던 철순이도 모두 몸이 늘어났어요! 어째서일까요?

그 이유는 철들이 각각 산소와 화합했기 때문입니다. **화합**이란 2종류 이상의 물질이 서로 반응하여 성질이 전혀 다른 새로운 물질을 만드는 화학반응입니다. 화합 작용으로 만들어진 물질(화합물)은 화합하기 전의 물질과 성질이 완전히 달라져요.

화학반응 전과 후에는 원자의 조합은 변하더라도 원자의 종류와 개수는 변하지 않습니다. 즉, **화학반응 전과 후의 물질 전체의 질량은 같습니다.**

P O I N T
- 질량 보존의 법칙: 화학반응 전과 후의 물질 전체의 질량은 같다.

그건 반칙이야

퍽

숏!

탄산수소
나트륨 군

염화 나트륨 군

좋았어!
다음을
막으면
나의
승리군.

타임.

우오오오오.

강한 투지!
불타고
있어!

자, 덤벼
보시지!

그건
반칙
이야…

분해~

물 군   탄산   이산화
         나트륨 군 탄소 군

탄산수소 나트륨의 열분해

승부차기 대결, 탄산수소 나트륨 군은
이번에 골을 넣지 못하면 지는데요….

탄산수소 나트륨을 가열하면 탄산
나트륨, 이산화 탄소, 물로 분해됩니다.

$$2NaHCO_3$$
탄산수소 나트륨

$$\longrightarrow Na_2CO_3 + CO_2 + H_2O$$
탄산 나트륨   이산화 탄소   물

분해는 1종류의 물질이 2종류 이상
의 다른 물질로 나뉘는 화학 변화로,
열분해와 **전기분해** 등이 있어요.

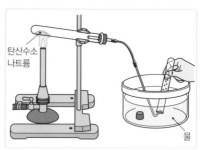

탄산수소
나트륨

물

▲탄산수소 나트륨의 열분해

Ⓟ Ⓞ Ⓘ Ⓝ Ⓣ

◉ 열분해: 열에 의해 물질이 분해되는 반응

발열 반응과 흡열 반응

화학반응에는 열을 발생하는 반응과 열을 흡수하는 반응이 있습니다.

발열 반응은 열을 방출하는 화학반응이에요. 따라서 주위 온도가 올라갑니다. 철의 산화, 철과 황의 화합, 유기물의 연소, 중화 반응 등을 예로 들 수 있어요.

$$철 + 산소 \longrightarrow 산화 철$$
$$\uparrow$$
$$열$$

흡열 반응은 주위 열을 흡수하는 화학반응입니다. 따라서 주위 온도가 내려갑니다.

$$수산화 바륨 + 염화 암모늄$$
$$\longrightarrow 염화 바륨 + 암모니아 + 물$$
$$\uparrow$$
$$열$$

이외에도 탄산수소 나트륨과 구연산 반응 등이 있습니다.

P O I N T
- 발열 반응: 열을 방출한다.
- 흡열 반응: 주위 열을 흡수한다.

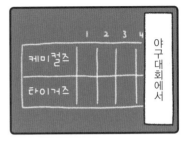

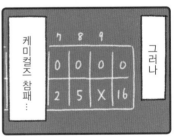

다양한 원자와 원자 기호

원자	원자 기호	원자	원자 기호	원자	원자 기호
수소	H	황	S	철	Fe
산소	O	나트륨	Na	구리	Cu
탄소	C	마그네슘	Mg	은	Ag
질소	N	칼슘	Ca	아연	Zn
염소	Cl	알루미늄	Al	금	Au

물질의 분류

물질 — 순물질 — 홑원소 물질 예) 염소, 금 / 화합물 예) 물, 염화 나트륨

혼합물 예) 식염수(식염+물)

염소 / 금 / 물 / 염화 나트륨 / 분자를 만든다 / 분자를 만들지 않는다

산화와 환원

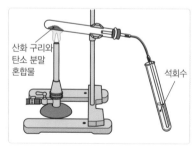

▲ 산화 구리의 환원

$$2CuO + C \rightarrow 2Cu + CO_2$$
산화 구리 / 탄소 / 구리 / 이산화 탄소

환원 / 산화

산화와 환원은 항상 쌍으로 일어나요. 구리 군을 떠난 산소 양은 탄소 군과 맺어졌어요….

화합하는 물질의 질량 비율

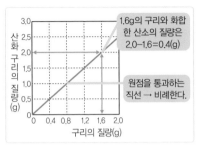

1.6g의 구리와 화합한 산소의 질량은 2.0-1.6=0.4(g)

원점을 통과하는 직선 → 비례한다.

▲ 구리와 산화 구리의 질량

- 일정량의 금속과 화합할 수 있는 산소의 질량은 정해져 있다.

구리	+	산소	→	산화 구리
1.6	:	0.4	:	2.0

질량 비율 = 4 : 1 : 5

 질량 보존의 법칙
반응 전 물질의 질량 = 반응 후 물질의 질량

분해

- 탄산수소 나트륨의 열분해

 $2NaHCO_3 \rightarrow Na_2CO_3 + CO_2 + H_2O$
탄산수소 나트륨   탄산 나트륨   이산화 탄소   물

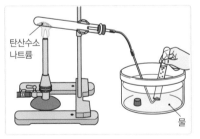

탄산수소 나트륨

물

▲ 탄산수소 나트륨의 열분해

뜨거워진 탄산수소 나트륨 군.
탄산 나트륨과 이산화 탄소와 물,
3인방으로 갈라지는 필살기!

- 물의 전기분해

 $2H_2O \rightarrow 2H_2 + O_2$
물   수소   산소

화학 변화와 이온

이 단원에서 다루는 주제는 수용액 속에서 일어나는 화학 변화입니다.
또, 이온과 전기의 관계를 확실하게 알아두세요.

식염들

새하얀 분말들
차이가 없어 보이지만…?

물에 녹으면…

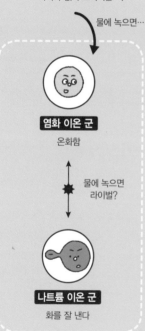

염화 이온 군

온화함

물에 녹으면
라이벌?

나트륨 이온 군

화를 잘 낸다

전자오르골 실험실 기구들

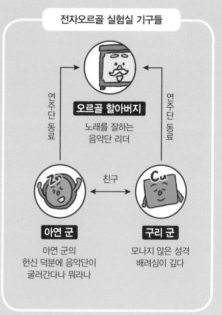

연주단 동료

오르골 할아버지

노래를 잘하는
음악단 리더

연주단 동료

친구

아연 군

아연 군의
헌신 덕분에 음악단이
굴러간다나 뭐라나

구리 군

모나지 않은 성격
배려심이 깊다

전해질과 비전해질

식염수는 전기가 통합니다. 하지만 스파이였던 설탕을 녹인 물은 전류가 흐르지 않았습니다. 설탕은 비전해질이거든요.

전해질은 물에 녹았을 때 전류가 흐르는 물질입니다. 물에 녹으면 이온화 과정이 이루어지며 양이온과 음이온으로 분리됩니다. 대표적인 예로 염화 나트륨(식염), 염화 구리, 수산화 나트륨 등이 있어요.

비전해질은 물에 녹아도 전류가 흐르지 않는 물질입니다. 물에 녹아도 이온화되지 않지요. 대표적인 예로 설탕, 에탄올 등이 있어요.

POINT

○ 물에 녹았을 때 전류가 흐르면 전해질이고, 흐르지 않으면 비전해질이다.

그렇게 보이지만

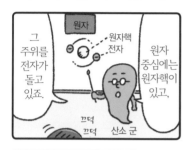

그 주위를 전자가 돌고 있죠.

원자핵
전자

원자 중심에는 원자핵이 있고,

끄덕 끄덕 산소 군

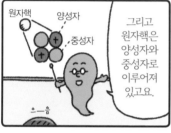

원자핵
양성자
중성자

그리고 원자핵은 양성자와 중성자로 이루어져 있고요.

으—음

질문 있어요.

뭔데요?

수소 군

양성자도 그렇고 전자도 그렇고 '자'자 돌림이 많네요…. 형제지간인가요?

사람 이름이 아니에요!

원자의 구성 요소

수소 군, 양성자와 전자는 형제가 아니에요.

원자핵은 원자 중심에 있으며 **양성자**와 **중성자**로 이루어져 있어요. 양성자는 +전하를 띤 입자입니다. 원자의 종류에 따라 양성자의 수는 정해져 있습니다. 중성자는 전하를 띠지 않는 입자지요. 따라서 원자핵 전체는 +전하를 띠게 된답니다.

전자는 −전하를 띠는 입자입니다. 원자핵 주위에 있어요.

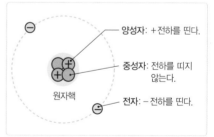

양성자: +전하를 띤다.

중성자: 전하를 띠지 않는다.

원자핵

전자: −전하를 띤다.

▲헬륨 원자의 예

Ⓟ Ⓞ Ⓘ Ⓝ Ⓣ

○ 보통 원자 하나에 들어 있는 양성자와 전자의 개수는 같다. 원자는 전체적으로 전하를 띠지 않는다.

이온

기체들을 어이없게 만드는 썰렁한 아재 개그였지만, 이번 기회에 이온에 대해 알아봐요.

이온은 전자를 잃거나 얻어 + 또는 − 전하를 띠게 된 원자나 원자단을 말합니다. 보통 원자는 전하를 띠지 않아요.

양이온은 원자가 − 전하를 띠는 전자를 잃고 + 전하를 띠게 되는 것입니다. 수소 이온(H^+), 구리 이온(Cu^{2+}), 암모늄 이온(NH_4^+) 등이 이에 속합니다.

음이온은 원자나 원자단이 전자를 얻어 − 전하를 띠는 것입니다. 염화 이온(Cl^-), 수산화 이온(OH^-), 황산 이온(SO_4^{2-}) 등이 있습니다.

P O I N T

◎ 원자가 전자를 잃는다: 양이온(+ 전하를 띤다)
원자가 전자를 얻는다: 음이온(- 전하를 띤다)

전자 쟁탈전

이온화

염화 나트륨(NaCl)을 물에 녹이면 수용액 속에서는 나트륨 이온(Na^+)과 염화 이온(Cl^-)으로 분리됩니다.

$$\longrightarrow NaCl \longrightarrow Na^+ + Cl^-$$

즉, 전자 쟁탈전이 일어나는 거죠.

이처럼 물질(전해질)이 물에 녹아서 양이온과 음이온으로 분리되는 현상을 **이온화**(전리)라고 해요. 이온화의 과정은 화학식과 이온화식을 사용해서 나타냅니다.

이온화식은 이온을 나타내는 기호입니다. 원자 기호의 오른쪽 위에 전하의 종류(+나 −)와 숫자(잃거나 얻은 전자의 수)를 넣어서 표시하고 있습니다 (1의 경우는 생략).

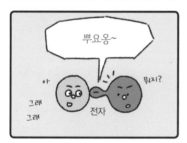

P O I N T

○ 이온화: 물질(전해질)이 물에 녹아서 양이온과 음이온으로 분리되는 현상

전지

아연 군은 전자를 2개 잃어서 아연 이온이 되어, 염산에 녹고 말았네요. 아무래도 한 곡 더 듣는 건 힘들겠어요.

$$Zn \longrightarrow Zn^{2+} + 2\ominus$$

이처럼 전해질 수용액에 2종류의 금속판을 넣어서 직선으로 연결했을 때 금속과 금속 사이에 전압이 생기는 것을 이용해서 전류를 만들어낼 수 있답니다. 이것이 **전지**(화학전지)입니다.

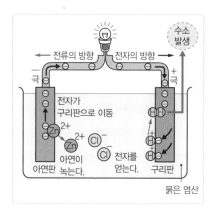

▲전지의 원리

P O I N T
- 금속의 조합에 따라 발생하는 전압과 + 극, - 극의 방향이 달라져요.

삼차?

나는
이차 전지!

나는
일차 전지!

하
하
하

삼차는
없어~

어라?
삼차는
없어?

뭐?

저기서 전지들
'삼차'가 일어났다는데?

아,
'참사'를
잘못
말했구나.

일차 전지와 이차 전지

참사를 잘못 말한 거였어요. 삼차 전지
는 존재하지 않거든요.

일차 전지는 충전할 수 없고, 한 번
쓰고 버리는 전지입니다. 망가니즈건전
지, 리튬전지 등이 있습니다. **이차 전지**
는 충전해서, 반영구적으로 사용할 수
있는 전지입니다. 납축전지, 리튬이온
전지 등이 있습니다.

충전 방식은 전류를 만들어낼 때의
반대 방향으로 전류를 흘려보내 전압
을 원래 상태로 되돌립니다.

탄소막대(+극)

이산화 망가니즈, 탄소가루를
염화 아연 수용액으로 얼려
합친 것(합제)

아연통(−극)

▲망가니즈건전지

P O I N T

● 일차 전지: 충전할 수 없다.
　이차 전지: 충전할 수 있다.

지구는….

연료전지

연료전지는 우주 왕복선 등의 우주선에 처음으로 실용화된 에너지원으로, 물의 전기분해와는 다른 화학 변화를 이용하는 전지를 말합니다.

$$2H_2 + O_2 \longrightarrow 2H_2O$$

수소   산소   물
전기 에너지

수소와 산소가 만나면 물이 만들어지는데, 이 화학 변화 과정에서 발생하는 전기 에너지를 활용한답니다. 발전 효율이 높고 효과적으로 전기 에너지를 사용할 수 있는 장점이 있어요.

이 화학반응에서는 해로운 물질은 배출되지 않고 물만 생기기 때문에 친환경적이라 할 수 있습니다. 전기자동차, 건물의 비상용 에너지원 등 실용화가 기대되는 에너지입니다.

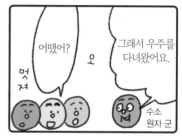

P O I N T

○ 연료전지는 발전 효율이 높고, 친환경적이라는 특징이 있다.

비눗물웅덩이

랄라라

빨간색 리트머스 종이 군

으앗!

미끄덩

철퍼덕

색이 변해 버렸잖아

도대체 누가 여기에 비눗물을 쏟은 거야?

산과 염기

리트머스 종이 군이 빨간색에서 파란색으로 변했어요. 왜 그럴까요? 이유는 바로 비눗물에 젖었기 때문이에요. 비눗물은 염기성이기 때문에 빨간색 리트머스 종이를 파란색으로 바꿉니다.

산과 염기는 각각 어떤 성질일까요?

산의 수용액은 산성을 띱니다. 파란색 리트머스 종이를 빨간색으로 바꾸며, BTB 용액을 노란색으로 바꾸는 성질이 있어요.

염기의 수용액은 염기성을 띱니다. 빨간색 리트머스 종이를 파란색으로 바꾸며, BTB 용액을 파란색으로 바꾸는 성질이 있어요. 또한 페놀프탈레인 용액을 빨간색으로 바꿉니다.

P O I N T
- 산성: 파란색 리트머스 종이 → 빨간색
- 염기성: 빨간색 리트머스 종이 → 파란색

pH

찍어서 정답을 맞히긴 했지만, pH 수치에 따라 어떤 성이 되는지 확실히 알아봅시다.

pH는 산성·염기성의 정도를 수치로 나타낸 것입니다. pH 수치가 7일 때가 중성이죠. 7보다 낮아질수록 산성이 강해지고, 7보다 높아질수록 염기성이 강해집니다.

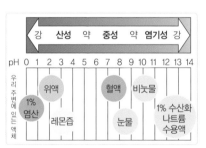

▲다양한 용액의 pH

● pH 수치가 7이면 중성이다.

쉽게 암기하는 법

↑산소 군

'~산'은 산성의 수용액으로 '수소 이온'을 많이 포함하고 있어요.

한편 염기성 수용액은 '수산화 이온'을 많이 포함하고 있답니다.

수소 이온은 이렇게 외우면 돼요.

양이온인, 수소 이온은 죽어도(절대로) O(산소)가 없다.

산성·염기성의 정체

산과 염기의 정의와 대표적인 이온화 식을 알아봅시다.

산은 수용액 상태에서 수소 이온(H^+)을 내놓는 물질이에요. 수용액은 산성을 띱니다.

$$HCl \longrightarrow H^+ + Cl^-$$
염산 (염화 수소) / 수소 이온 / 염화 이온

$$H_2SO_4 \longrightarrow 2H^+ + SO_4^{2-}$$
황산 / 수소 이온 / 황산 이온

염기는 수용액 상태에서 수산화 이온(OH^-)을 내놓는 물질이에요. 수용액은 염기성을 띱니다.

$$NaOH \longrightarrow Na^+ + OH^-$$
수산화 나트륨 / 나트륨 이온 / 수산화 이온

$$KOH \longrightarrow K^+ + OH^-$$
수산화 칼륨 / 칼륨 이온 / 수산화 이온

POINT
- 산성 수용액 → 수소 이온(H^+)
- 염기성 수용액 → 수산화 이온(OH^-)

중화

'소금(鹽)'과 '염(鹽)기는 같은 한자를 쓰지만, 읽는 법도 의미도 달라요. 그 차이를 지금부터 알아봅시다.

중화는 산의 수용액과 염기의 수용액을 섞었을 때, 산의 수소 이온(H^+)과 염기의 수산화 이온(OH^-)이 결합해 물이 생기는 화학 변화입니다.

$$H^+ + OH^- \longrightarrow H_2O$$

즉, 산과 염기가 서로의 성질을 사라지게 합니다. 또, 열이 발생하는 발열 반응을 일으키죠.

염기는 중화될 때 산의 음이온과 염기의 양이온이 결합해서 생긴 물질을 말합니다.

소금은 염화 나트륨($NaCl$)이므로 헷갈리지 않도록 주의하세요.

ⓟ ⓞ ⓘ ⓝ ⓣ

◦ 중화하면 물과 염기가 생긴다.

원자의 구조

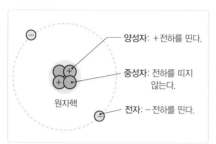

양성자: + 전하를 띤다.

중성자: 전하를 띠지 않는다.

원자핵

전자: − 전하를 띤다.

▲ 헬륨 원자의 예

원자 전체는 전하를 띠지 않습니다.

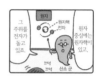

이온화식

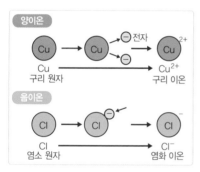

양이온

Cu → Cu →전자 → Cu^{2+}

Cu   Cu^{2+}
구리 원자   구리 이온

음이온

Cl → Cl → Cl$^-$

Cl   Cl$^-$
염소 원자   염화 이온

○ 전자를 잃거나 얻어 원자가 + 또는 − 전하를 띠게 된 것을 이온이라 한다.

○ 대표적인 양이온은 H^+, Na^+, Cu^{2+}, Zn^{2+} 등

○ 대표적인 음이온은 Cl^-, OH^-, SO_4^{2-} 등

전지

구리판   아연판   전압계   묽은 염산

○ −극
$$Zn \longrightarrow Zn^{2+} + 2\ominus$$

○ +극
$$2H^+ + 2\ominus \longrightarrow H_2$$

아연 원자가 전자를 2개 잃어서 아연 이온이 되고, 염산 속에 녹아들었기 때문에 아연 군이 작아졌어요.

산성과 염기성

	산성	중성	염기성
빨간색 리트머스 종이	변화 없음	변화 없음	파란색
파란색 리트머스 종이	빨간색	변화 없음	변화 없음
BTB 용액	노란색	초록색	파란색
페놀프탈레인 용액	변화 없음	변화 없음	빨간색
마그네슘과의 반응	수소가 발생함	변화 없음	변화 없음
공통적으로 포함된 이온	H^+	없음	OH^-
전류가 흐르는가?	흐른다	종류에 따라 다르다	흐른다

식염수는 전류가 흐르지만, 설탕물은 전류가 흐르지 않습니다.
중성 수용액에는 전류가 흐르는 것과 흐르지 않는 것이
있습니다.

중화와 소금

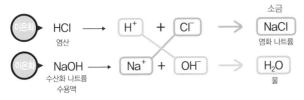

○ 중화 반응이 끝나면 소금은 더
   이상 증가하지 않는다.

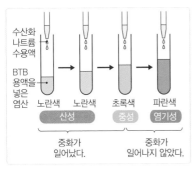

◀중화 반응
산과 염기가 서로의 성질을 사라지게 한다.

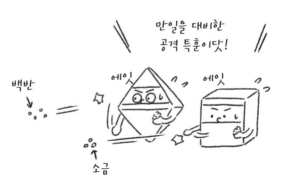

Chapter 3

물리 세계

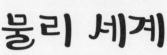

우리 주변의 현상

빛이나 소리 등의 현상은 눈에 보이지 않지만, 실험을 통해 그 성질을 알 수 있어요. 또, 우리 주변 힘의 기능에 대해서도 생각해봅시다.

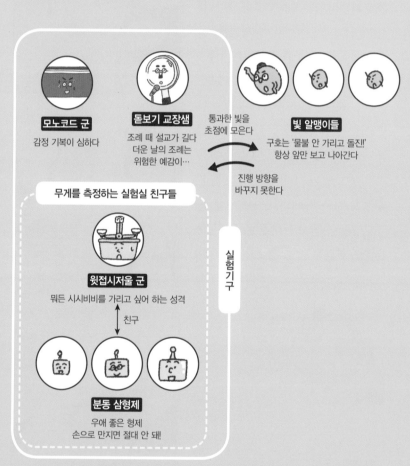

모노코드 군

감정 기복이 심하다

돋보기 교장샘

조례 때 설교가 길다
더운 날의 조례는
위험한 예감이…

통과한 빛을
초점에 모은다

빛 알맹이들

구호는 '물불 안 가리고 돌진!'
항상 앞만 보고 나아간다

진행 방향을
바꾸지 못한다

무게를 측정하는 실험실 친구들

윗접시저울 군

뭐든 시시비비를 가리고 싶어 하는 성격

친구

분동 삼형제

우애 좋은 형제
손으로 만지면 절대 안 돼!

실험기구

직진하는 빛

연기에 숨어서 잘 전진하고 있다고 생각했던 빛의 부대였지만, 오히려 지나가는 길이 또렷하고 분명하게 보이고 말았네요.

전구, 촛불, 스마트폰, 레이저포인터 그리고 태양처럼 스스로 빛을 내는 물체를 **광원**이라고 합니다. 광원의 빛은 곧게 나아갑니다. 이렇게 빛이 직진하는 성질을 **빛의 직진**이라고 해요.

구름 사이로 비치는 햇빛이나 자동차 헤드라이트 등에서도 빛의 직진을 볼 수 있어요.

레이저 광선이 눈에 닿으면 실명의 위험이 있으니 주의해야 해요!

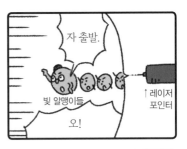

POINT

◉ 투명하고 균일한 물질 속을 지날 때, 빛은 직진한다.

텔레비전을 켜보자

↑ 빛 알맹이 군

빛의 반사

집에 있는 리모컨으로 해보셨나요?

광원에서 나온 빛은 다양한 표면으로 반사되어 우리 눈으로 들어와요. 어두운 방에서 불을 켰을 때 사물이 '보이는' 것은 불빛에서 나오는 빛이 사물에 반사되어 눈으로 들어오기 때문입니다.

또한 **입사각**과 **반사각**은 항상 같습니다(**빛의 반사 법칙**).

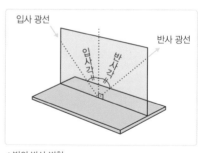

▲빛의 반사 법칙

Ⓟ Ⓞ Ⓘ Ⓝ Ⓣ

◎ 빛의 반사 법칙: 입사각=반사각

빛의 굴절

경계면에서 굴절한 빛, 즉 **굴절 광선**이 경계면과 수직인 선을 이루는 각을 **굴절각**이라고 합니다. 외우기 어렵다면 'ㅅ'자를 떠올리면 돼요.

단, 경계면에 수직으로 들어가는 빛은 굴절하지 않고 수직을 이루므로 주의합시다.

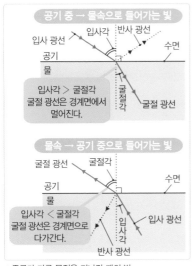

▲종류가 다른 물질을 지나갈 때의 빛

P O I N T

⊙ 빛은 'ㅅ'자로 굴절한다.

빛의 굴절

빛의 굴절은 이 모양으로 외우세요.

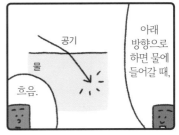

아래 방향으로 하면 물에 들어갈 때,

흐음.

밑에서 위로 하면 물에서 나올 때.

으음.

각인데 'ㄱ'자가 아니라 'ㅅ'자로 보이네?

털썩

돌격! 빛의 부대 2

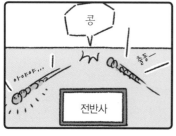

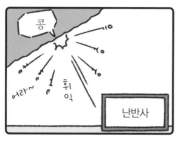

전반사와 난반사

전반사는 빛이 굴절률이 큰 물질에서 작은 물질로 나아갈 때 입사각이 일정 각도를 넘으면 물질의 경계면에서 전부 반사되어 공기 중으로 빠져나가지 못하는 현상을 말합니다. 빛 알맹이들은 몇 번인가 시도해서 공기 중으로 빠져 나왔지만, 바로 난반사된 듯하네요.

난반사는 울퉁불퉁한 표면에 빛이 여러 방향으로 반사되어 흩어지는 것을 말합니다. 이 경우에도 어느 한 점에 주목하면 빛의 반사 법칙은 성립합니다.

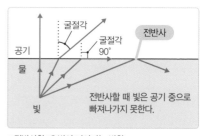

▲전반사할 때 빛이 나아가는 방향

○○○○○○

○ 전반사는 빛이 공기 중으로 빠져나가지 못하는 현상

볼록렌즈의 특징

교장 선생님 이야기가 길었던 것 같네요(태양의 위치가 꽤 이동했으니까요).

볼록렌즈는 초점에 빛을 모으는 특징이 있습니다.

초점이란 광축에 평행한 빛이 볼록렌즈에서 굴절해 모이는 광축 상의 점으로, 볼록렌즈의 양쪽에 한 점씩 있습니다.

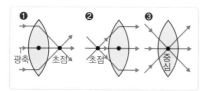

▲볼록렌즈의 성질

❶ 광축에 평행한 빛은 볼록렌즈에서 굴절해 반대쪽 초점을 통과한다.

❷ 초점을 통과하여 볼록렌즈에서 굴절한 빛은 볼록렌즈를 빠져 나와 광축과 평행하게 나아간다.

❸ 볼록렌즈 중심을 통과한 빛은 그대로 직진한다.

P O I N T

◎ 빛이 모이는 곳이 '타는 점', 즉 초점이다.

허상?

스크린에 비출 수 없는 상이니까 허상이지.

거울에 비친 상은?

스크린에 비출 수 있으니까 실상.

그럼 이건?

아니래도.

아, 허상이다.

인정…

봐봐, 허억수로 큰 상(像)이지?

뿌우

볼록렌즈가 맺는 상

실상은 볼록렌즈를 통과한 빛이 모여 이루어진 상으로, 스크린에 비출 수 있습니다. 물체의 상하좌우가 반대로 (**거꾸로**) 된다는 점을 기억해주세요!

허상(허억수로 큰 코끼리가 아니에요!)은 스크린에 비출 수 없는 모양의 상입니다. 볼록렌즈를 통과한 광선이 모여 맺는 상으로, 원래의 물체와 같은 방향으로 보이지만 실물보다는 더 커 보입니다.

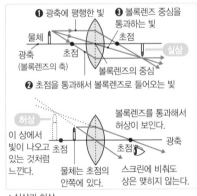

❶ 광축에 평행한 빛
❸ 볼록렌즈 중심을 통과하는 빛
물체
초점
광축 (볼록렌즈의 축)
초점
볼록렌즈의 중심
실상
❷ 초점을 통과해서 볼록렌즈로 들어오는 빛

허상
이 상에서 빛이 나오고 있는 것처럼 느낀다.
물체는 초점의 안쪽에 있다.
볼록렌즈를 통과해서 허상이 보인다.
초점
광축
스크린에 비춰도 상은 맺히지 않는다.

▲실상과 허상

Ⓟⓞⓘⓝⓣ

◉ 물체가 초점 위에 있을 때는 상이 맺히지 않는다.

소리와 빛의 속력

소리는 물체의 진동이 차례차례 공기나 물을 진동시켜 마지막에 귀로 전해져 들리게 됩니다. 이때 무엇을 흔들리게 하는지에 따라 전해지는 속력이 달라지죠.

예를 들어,

공기 중에서는 **1초에 약 340m**

물속에서는 1초에 약 1500m의 속력으로 전해집니다.

진공은 진동시킬 물체가 없기 때문에 소리가 전해지지 않아요.

그러나 빛의 속도는 1초에 약 30만 km입니다(엄청 빨라요!).

P O I N T

◎ 공기 중 소리의 속력은 1초에 약 340m다.

진동수와 기분

나사 좀 조여줘~

뭐~ 정말?

모노코드 군 서두르지 않으면 학교에 지각하겠어.

↑ 시험관 군

끼익 끼익

이렇게?

끼익 끼익

빠릿

고마워!

목소리도 기분도 고조됐네…

이야호~ 서둘러야 해! 오예 ♪

소리의 성질

현을 세게 조였더니 기분도 고조된 모노코드 군. 사람도 이런 편리한 나사가 있다면 얼마나 좋을까요.

소리의 성질은 진폭과 진동수로 정해집니다. **진폭**은 물체가 멈춰 있는 상태에서 진동으로 움직인 거리를 말해요. 진폭이 클수록 소리는 커집니다. **진동수(주파수)**는 물체가 1초에 진동하는 횟수예요. 진동수가 많을수록 음이 높아집니다. 단위는 **Hz(헤르츠)**입니다.

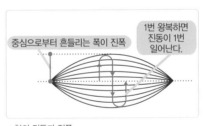

중심으로부터 흔들리는 폭이 진폭

1번 왕복하면 진동이 1번 일어난다.

▲현의 진동과 진폭

Ⓟ Ⓞ Ⓘ Ⓝ Ⓣ
○ 진폭: 소리 크기
○ 진동수: 음의 높낮이

다양한 힘

구멍에 빠져서 떨어져버린 비커 군. 구멍에 빠진 것도 중력 때문이에요. 이처럼 우리 몸 주위에는 보이지 않지만 다양한 힘이 작용합니다.

중력: 지구 중심을 향해 지구가 물체를 당기는 힘.

수직항력(항력): 물체가 접촉한 면으로부터 받는 수직 방향의 힘.

마찰력: 까칠까칠한 면 위에서 물체를 당기면 물체의 운동 방향과 반대 방향으로 작용하는 힘.

탄성력: 변형된 물체가 원래의 모양으로 되돌아가려는 힘.

(책상이 책에 작용하는 힘)

책상 면이 미세하게 우묵하게 꺼지고, 원래 상태로 되돌아가기 위해서 책에 힘이 가해진다.

▲수직항력

POINT

○ 물체에 가해지는 힘이 적절한 균형을 이루고 있을 때 물체는 움직이지 않는다.

화살표는 계속된다

힘의 3요소

안내판의 화살표가 조금 희한한 모양이네요. 아무래도 화살표의 길이에도 의미가 있을 듯해요.

힘의 3요소는, 힘을 표현한 화살표와 함께 외웁시다.

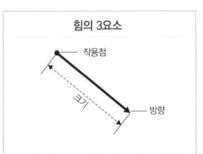

힘의 3요소

- **작용점**: 힘이 작용하는 점으로, 화살표의 시작점으로 나타낸다.
- **방향**: 화살표의 방향으로 나타낸다.
- **크기**: 화살표의 길이로 나타낸다.

Ⓟ Ⓞ Ⓘ Ⓝ Ⓣ

○ 힘에는 작용점, 방향, 크기의 3요소가 있다.

N(뉴턴)

엄청난 기술을 성공한 비커 군에게 또다시 시련이… 힘내, 비커 군!

지구상의 모든 물체에 작용하는 중력은 N(뉴턴)이라는 단위로 힘의 크기를 나타냅니다.

1N은 약 100g의 물체에 작용하는 중력의 크기예요. 따라서 3N은 약 300g의 추에 작용하는 힘입니다(그나저나, 비커 군 아플 듯…).

▲추를 실에 달아 늘어뜨릴 때 작용하는 중력

● 중력(무게)은 장소에 따라 다르지만, 질량은 항상 같다.

분동 삼형제

에잇

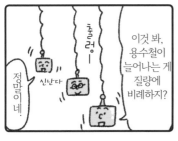

정말이네!

신난다

훌렁—

이것 봐, 용수철이 늘어나는 게 질량에 비례하지?

앗, 하지마!

윗접시저울 군

풀쩍

재밌겠다. 나도 해보고 싶어.

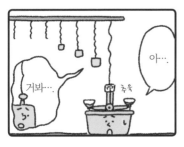

거봐…

추욱

아…

훅의 법칙

분동 삼형제의 첫째는 훅의 법칙을 알고 있었나 봐요.

> **훅의 법칙**
>
> 가해진 힘의 크기에 비례하여
> 용수철이 늘어난다.

용수철에 매단 추의 질량이 2배가 되면, 용수철이 늘어나는 것도 2배가 됩니다. 단, 용수철이 일정 이상 늘어나면 훅의 법칙은 성립하지 않아요.

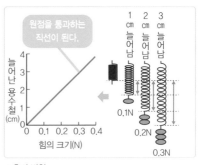

▲훅의 법칙

P O I N T
○ 훅의 법칙: 가해진 힘의 크기에 비례하여 용수철이 늘어난다.

압력

깔때기 공주의 충고대로 같은 힘이라도 가하는 면적이 작을수록 압력은 커집니다.

압력이란 면적 1㎡를 수직으로 미는 힘이에요. 단위는 Pa(파스칼)입니다. 1㎡에 1N의 힘을 가했을 때의 압력이 1Pa입니다.

> **압력을 구하는 공식**
>
> $$\text{압력(Pa)} = \frac{\text{면을 수직으로 미는 힘(N)}}{\text{힘을 받는 면적(㎡)}}$$
> (N/㎡)

위 공식의 분자에는 비커 동자의 힘, 분모에는 기구의 면적을 넣습니다. 펀치에서 바늘로 면적이 작아졌기 때문에 압력은 공식대로라면 엄청나게 커집니다. 펀치와 비교해서 말이죠.

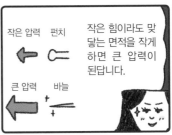

P O I N T

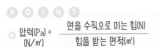

$$\text{압력(Pa)} = \frac{\text{면을 수직으로 미는 힘(N)}}{\text{힘을 받는 면적(㎡)}}$$
(N/㎡)

소리의 파장

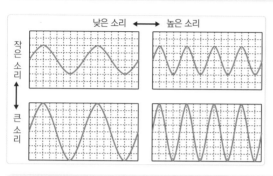

○ 진동수가 많다.
  → 소리가 높다.

○ 진폭이 크다.
  → 소리가 크다.

훅의 법칙

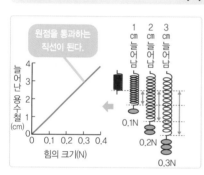

 훅의 법칙

가해진 힘의 크기에 비례하여
용수철이 늘어난다.

압력

 압력(Pa) $=\dfrac{\text{면을 수직으로 미는 힘(N)}}{\text{힘을 받는 면적(㎡)}}$
(N/m²)

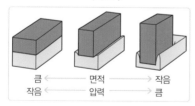

접촉하는 면적이 작을수록,
스펀지는 크게 움푹 패입니다.
깔때기 공주가 말한 대로예요.

빛의 굴절

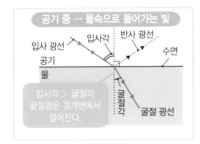

공기 중 → 물속으로 들어가는 빛

입사 광선 / 입사각 / 반사 광선 / 수면
공기
물
입사각 > 굴절각
굴절광은 경계면에서 멀어진다.
굴절각 / 굴절 광선

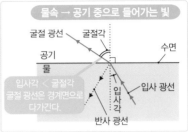

물속 → 공기 중으로 들어가는 빛

굴절 광선 / 굴절각 / 수면
공기
물
입사각 < 굴절각
굴절 광선은 경계면으로 다가간다.
입사각 / 입사 광선
반사 광선

빛이 통과하는 길은 'ㅅ'자 모양.
화살표 방향을 바꾸기만 해도 입사각과
굴절각의 관계를 알 수 있어요!

빛의 굴절은 이 모양으로 외우세요.

볼록렌즈에 상이 맺히는 원리

물체의 위치	맺히는 상	방향	크기	상이 맺히는 위치
초점거리보다 2배 이상 떨어져 있다. ―초점	실상	거꾸로	실물보다 작다.	초점과 초점거리의 2배 사이
초점거리의 2배	실상	거꾸로	실물과 같다.	초점거리의 2배
초점거리의 2배와 초점의 사이	실상	거꾸로	실물보다 크다.	초점거리의 2배보다 떨어진 위치
초점 위	상이 맺히지 않는다.			
초점보다 가깝다.	실상	똑바로	실물보다 크다.	스크린에 비출 수 없다.

전기의 세계

우리 생활을 편리하게 해주는 전기. 전기의 정체와 성질을 실험을 통해 알아봅시다.

전원

동경의 대상 ←

전원장치 양
압도적인
존재감과 안도감을 주는
큰언니 같은 존재

알칼리 건전지 군
박식함

회로에 연결하는 실험기구

저항

꼬마전구 아가
쭉쭉이는 필수품
쉽게 깨지므로
소중하게 다뤄주세요

↓ 동경의 대상

발광다이오드 형제
흔히들 우리를
LED라 부르지

저항기 군
선글라스가 멋짐
물론 실내에서도
선글라스를 낌

검류계 군
전류의 방향을 알 수 있다
자석계의 실험에서 대활약

자석계가 만드는
전류를 측정해준다

페라이트 자석 군들
서로 끌어당기고, 밀어내는 둘
빨간 쪽이 N극

정전기

서로 다른 두 물질을 마찰시키면 전기를 띠게 됩니다. 이것이 **정전기**입니다.

전기에는 +와 −가 있고, 같은 전기는 서로 밀어내고, 다른 전기는 맞당깁니다.

티슈 군이 +, 빨대 양들이 −였어요. 이는 자석의 N극과 S극의 관계와 비슷합니다. 또한 물체에 정전기가 쌓여 전기를 띠는 것을 **대전**이라고 합니다.

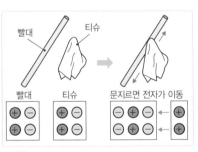

▲대전

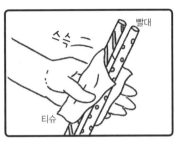

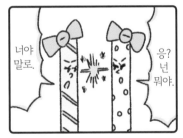

정전기를 느끼는 이유!

의자가
모자라네.

플러스
의자

전자들

뭐라고?

야! 저기에
빈 의자가
있어!

붕

저쪽이야,
가자!

아얏!

찌릿

문고리

방전 현상

건조한 겨울, 문고리를 잡았다가 정전기가 찌릿하고 통한 적이 있죠?

문고리에 머물러 있던 전기는 손이 닿자마자 공기 중으로 이동해서 **방전**이라는 현상이 일어납니다. 천둥도 전기를 띠는 소나기구름(적란운)과 지면 사이에서 발생한 방전이에요.

머리에 —를 달고 있는 것은 **전자**들이죠. 전자는 —전하를 지닌 매우 작은 입자입니다. 이 전자의 흐름이 전류의 정체입니다. 단, 전류가 흐르는 방향은 전자의 흐름과 반대 방향이라는 점을 기억하세요!

P O I N T

◦ 갈 곳을 잃은 전자는 공기 중으로 방전한다.

124

회로

농담은 이쯤하고, 전기회로의 기본 중의 기본인 직렬회로, 병렬회로를 확실하게 알아봅시다!

회로(전기회로)란 전류가 흐르는 길을 말합니다.

직렬연결(**직렬회로**)은 전류가 지나는 길이 하나입니다. 반면, 병렬연결(**병렬회로**)은 전류가 지나는 길이 2개 이상으로 갈라져요.

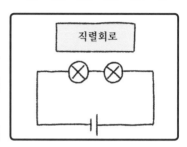

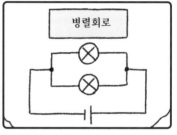

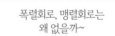

폭렬회로, 맹렬회로는
왜 없을까~

알칼리 건전지 군

직렬회로에
병렬회로….

으음

↑ 꼬마전구 아가

오믈렛
회로는
어때?

털썩

전류가
흐르려나?

전류는 강물의 양

강?

전류의 크기는 강물의 양에 비유할 수 있어.

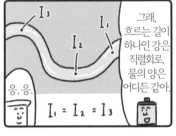

그래, 흐르는 길이 하나인 강은 직렬회로. 물의 양은 어디든 같아.

응, 응.

$I_1 = I_2 = I_3$

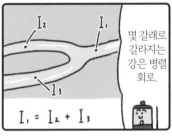

몇 갈래로 갈라지는 강은 병렬회로.

$I_1 = I_2 + I_3$

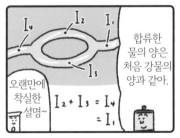

합류한 물의 양은 처음 강물의 양과 같아.

오랜만에 착실한 설명~

$I_2 + I_3 = I_4$
$= I_1$

전류, 쉽게 생각하기

회로를 흐르는 전기(전자의 흐름)를 **전류**라고 합니다. 단위는 **A(암페어)** 또는 **mA(밀리암페어)**예요(밀리암페어는 암페어의 1000분의 1).

전류의 크기는 눈에 보이지 않기 때문에 실감하기 어렵지만, 물의 양에 비유하면 좀 더 알기 쉬워요.

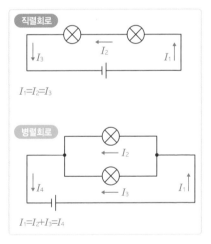

직렬회로

$I_1 = I_2 = I_3$

병렬회로

$I_1 = I_2 + I_3 = I_4$

Ⓟ Ⓞ Ⓘ Ⓝ Ⓣ

◇ 직렬회로는 위치에 상관없이 모든 전류가 같다.

전압, 쉽게 생각하기

농담 없이 진지한 설명이 이어지고 있는데요. 정말 중요한 내용이라서 그래요.

회로에 전류를 흐르게 하는 능력을 **전압**이라고 합니다. 단위는 V(볼트). 전압은 폭포의 낙차라고 생각하면 쉽게 이해할 수 있어요. 병렬로 늘어선 폭포의 낙차(전압)는 전원의 전압과 같습니다.

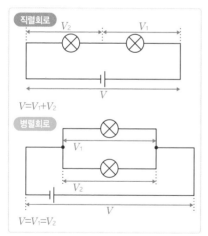

$V = V_1 + V_2$

$V = V_1 = V_2$

P O I N T
- 병렬회로는 위치에 상관없이 모든 전압이 같다.
  (전원의 전압과 같다.)

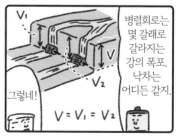

저항은 고속도로 요금소

아, 그건 강이 아니군….

저항의 크기는 자동차 정체를 떠올리면 돼.

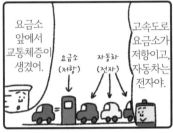

요금소 앞에서 교통체증이 생겼어.

요금소 (저항)

자동차 (전자)

고속도로 요금소가 저항이고, 자동차는 전자야.

엄청난 정체야.

안달복달

안달복달

직렬회로 같은 요금소가 계속되면 정체가 심각해지지.

원활해져.

하지만 2개의 요금소를 옆으로 나열하면,

병렬회로에서 전체 저항이 작아진다.

저항, 쉽게 생각하기

전류의 흐름을 어렵게 만드는 것을 **전기저항(저항)**이라고 합니다. 단위는 Ω (옴). 꼬마전구나 전열선을 저항으로 볼 수 있어요.

저항은 고속도로 요금소라고 생각하면 돼요. 저항을 병렬로 나란히 연결하면 전체 저항은 작아집니다.

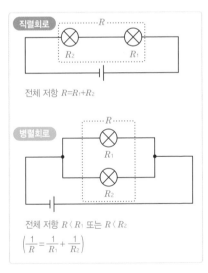

직렬회로

전체 저항 $R = R_1 + R_2$

병렬회로

전체 저항 $R < R_1$ 또는 $R < R_2$

$$\left(\frac{1}{R} = \frac{1}{R_1} + \frac{1}{R_2} \right)$$

ⓟⓞⓘⓝⓣ

○ 직렬회로에서 전체 저항은 각 저항의 합으로 구할 수 있다.

옴의 법칙

천둥에게 저항하다 앵무새로 변해버린 꿩 군!

"이게 '옴의 법칙'이구나"라는 비커 군의 썰렁한 농담을 도깨비가 날카롭게 지적하네요.

올바른 설명은 아래를 봐주세요.

> **옴의 법칙**
>
> 전열선을 흐르는 전류I(A)는
> 전열선의 양 끝부분에 걸리는
> 전압V(V)에 비례하고,
> 저항R(Ω)에 반비례한다.

이것을 식으로 나타내면

전압(V)**=저항**(R)**× 전류**(I)
(V) (Ω) (A)

가 됩니다.

↑비커 복숭아 동자 군

P O I N T

◎ 옴의 법칙: 전류는 전압에 비례한다.

구하고자 하는 걸 숨겨

옴의 법칙의 식은 이 그림으로 쉽게 외울 수 있어.

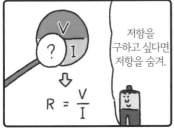

저항을 구하고 싶다면 저항을 숨겨.

$$R = \frac{V}{I}$$

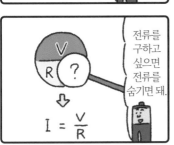

전류를 구하고 싶으면 전류를 숨기면 돼.

$$I = \frac{V}{R}$$

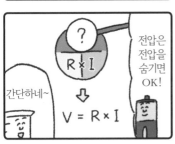

전압은 전압을 숨기면 OK!

간단하네~

$$V = R \times I$$

옴의 법칙 변형

옴의 법칙

$$전압(V) = 저항(R) \times 전류(I)$$
$$(V) \quad\quad (\Omega) \quad\quad (A)$$

변형해서 $I = \dfrac{V}{R}$, $R = \dfrac{V}{I}$ 로도 나타낼 수 있어요.

옴의 법칙 변형

구하고자 하는 부분을 숨기고, 나머지 공간에 이미 알고 있는 수치를 넣기만 하면 끝.

이렇게 단위를 넣어서 외워도 된다.

전류의 단위가 mA라면, A로 환산한 후에 넣어야 한다.

P O I N T

○ 옴의 법칙을 사용한 계산은 관계도를 하나만 외워두면 공략할 수 있다.

전력 구하는 공식

'전압이 같다'는 점에서 두 사람(두 전구?)은 병렬로 연결되어 있다는 것을 알 수 있어요.

이 둘을 비교해볼게요.

전력 = 전압 × 전류

이므로, 전류가 큰 쪽이 전력이 큽니다.

또, 옴의 법칙에 따라

저항 = 전압 ÷ 전류

이므로, 전류가 클수록 저항은 작아집니다.

↑ 전구 군들

	밝다	어둡다
전력	30W	10W
전압	같다	같다
전류	크다	작다
저항	작다	크다

▲W(와트) 수가 다른 전구의 비교

POINT

○ 전압 1V에서 1A의 전류가 흐를 때의 전력은 1W다.

전력 비교

텔레비전 군

300 W

부들부들

가습기 군

500W

윙

내가 일등 일꾼 이야~

1200w

청소기 군

하하하, 시시하군! 내가 최고야.

그럼, 가볼까! 스위치 온!

2500W

뭐야! 엄청난 와트야.

에어컨 군

팟

차단기가 내려갔어!

왓!

므앗∞

전력량

전기 제품들이 한꺼번에 스위치를 켜는 바람에 차단기가 내려가버렸어요.

가정 전기 배선은 병렬연결이어서 전체 전류는 집에 있는 전기 제품에 흐르는 전류의 합이 됩니다. 그래서 큰 전류가 흐르면 안전을 위해 차단기가 내려가도록 되어 있어요.

어떤 시간에 소비한 전력의 양을 **전력량**이라고 하며, 전력량은 전력과 사용한 시간에 비례합니다.

전력량 = 전력 × 시간
(J)　　(W)　(s)

이것은 발열량을 구하는 공식과 같아요.

전류에 의한 발열량=전력×시간
(J)　　　　(W)　(s)

즉, 전열선에서 발생하는 발열량은 전력량과 같습니다.

P O I N T

○ 전력량=전력 X 시간
　　(J)　(W)　(s)

자석의 세계

강철 캔 군만 호되게 당했네요. 코일에 전류가 흐르는 동안은 전자석이 됩니다. 그래서 철만 끌어당겼던 거죠.

전자석이나 자석의 힘을 **자기력**, 자기력이 작용하는 장소를 **자기장**이라고 합니다. 또, 자기장의 상황을 곡선과 화살표로 나타낸 것을 **자기력선**이라고 합니다. 자기력선의 화살표 방향이 곧 자기장의 방향이며, N극→S극입니다.

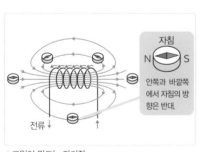

▲ 코일이 만드는 자기장

POINT

○ 자기력선은 N극→S극 방향으로 화살표로 나타낸다.

그대로잖아

오른쪽으로 돌리면 들어가는 이 나사, 이름이 뭘까요?

빙글

으—음...

↑ 프레파라트 군　↑ 고무마개 소년

그대로 잖아!

정답은 오른 나사지롱!

하 하 하

전류의 방향

자기장의 방향

으... 그러니까.

그럼, 오른나사를 돌리는 방향으로 자기장이 생기는 법칙의 이름은 뭘까요?

또 그대로였어!

정답은 '오른나사의 법칙'이지롱~

도선·코일에 생기는 자기장

도선에 전류를 흘려보냈을 때 전류의 방향과 나사의 진행 방향이 같으면 나사를 돌리는 방향으로 자기장이 형성됩니다(앙페르의 오른나사의 법칙).

코일을 전류 방향으로 오른손으로 감싸듯이 쥐면, 엄지손가락이 가리키는 방향이 자석의 N극인 자기장이 만들어집니다(플레밍의 오른손 법칙).

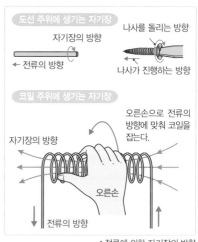

▲전류에 의한 자기장의 방향

POINT
- 전류가 반대 → 자기장도 반대
- 전류가 크다 → 자기장도 강하다.
- 코일을 감은 횟수가 많다 → 자기장도 강하다.

전류가 자기장에서 받는 힘

앞으로 움직일 줄 알았던 그네가 예상과 달리 뒤로 가고 말았어요. 자세히 보니 자석의 극이 반대군요!

자기장 속에서 흐르는 전류는 자기장에서 힘을 받습니다. 힘의 방향은 전류와 자기장의 방향 모두 수직입니다.

전류와 자기장의 방향을 반대로 하면, 힘의 방향도 반대가 됩니다. 자기장뿐만 아니라 전류도 반대로 해두었다면, 그네가 앞으로 움직였을 텐데!

▲전류가 자기장에서 받는 힘

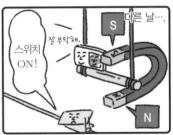

🅟 🅞 🅘 🅝 🅣

◉ 자기장 속에서 흐르는 전류는 자기장에 힘을 받는다.

코일 고리 통과하기 대회

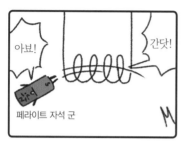

아뵤!

간닷!

페라이트 자석 군

플러스
마이너스
제로!

검류계 군

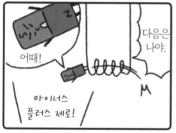

어때!

다음은
나야.

마이너스
플러스 제로!

나, 나도
어쩔 수
없어…

왜 결국
제로가
되는 거야!

전자기 유도

페라이트 자석 군, 검류계 바늘은 전류가 흐를 때만 움직인답니다. 전류가 흘렀던 건 코일 속을 지나면서 전기장이 변화했기 때문이에요. 이런 현상을 **전자기 유도**라고 하며, 이때 흐르는 전류를 **유도전류**라고 합니다. 발전기는 이 원리를 이용하고 있어요.

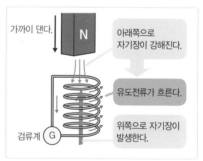

가까이 댄다.

N

아래쪽으로
자기장이 강해진다.

유도전류가 흐른다.

위쪽으로 자기장이
발생한다.

검류계 G

▲ 전자기 유도
자기장 방향을 반대로 하거나 자석을 움직이는 방향을 반대로 하면 유도전류 방향도 반대가 된다.

P O I N T

○ 유도전류를 크게 하기 위해서는,
· 자기장의 변화를 크게 한다.
· 자기장을 강하게 한다.
· 코일을 많이 감는다.

직류와 교류

전류의 방향을 바꾸거나, 직류와 교류를 바꿀 때마다 발광다이오드 형제가 다르게 반짝였어요.

이 둘의 다리를 봐주세요. 각각 긴 다리와 짧은 다리가 있죠? 발광다이오드는 정해진 방향으로만 전류가 흐르기 때문에 만화 속 연결 방식으로는 둘이 동시에 빛날 수 없어요. 또, 직렬연결은 전압이 부족하면 불이 켜지지 않아요.

이번 실험을 통해 **직류**는 방향이 일정한 전류, **교류**는 주기적으로 방향이 변하는 전류라는 사실을 알게 되었네요. 참고로, 가정용 전원은 교류를 이용합니다.

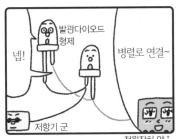

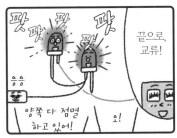

- 직류: 방향이 일정하다
- 교류: 방향이 주기적으로 변한다.

회로의 전류·전압·저항

	직렬회로	병렬회로
전기 회로도	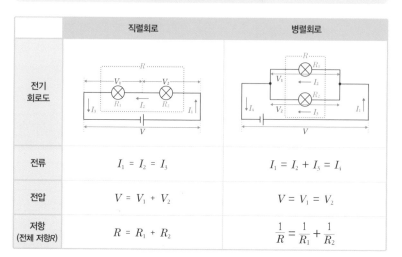	
전류	$I_1 = I_2 = I_3$	$I_1 = I_2 + I_3 = I_4$
전압	$V = V_1 + V_2$	$V = V_1 = V_2$
저항 (전체 저항R)	$R = R_1 + R_2$	$\dfrac{1}{R} = \dfrac{1}{R_1} + \dfrac{1}{R_2}$

예를 들면,
전류: 강물의 양
전압: 폭포의 낙차
저항: 고속도로 요금소

옴의 법칙

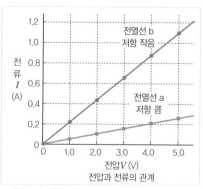

▲전압과 전류의 관계

공식 ▶ $V = R \times I$
전압(V) 저항(Ω) 전류(A)

이 식의 의미는 전열선에 흐르는
전류는 전압에 비례하고,
저항에는 반비례한다는 것.

전력과 전력량

 전력(W) = 전압(V) × 전류(A)

 전력량(J) = 전력(W) × 시간(s)

 전류에 의한 발열량(J) = 전력(W) × 시간(s)

'압류'로 외워보세요!

전류가 만드는 자기장

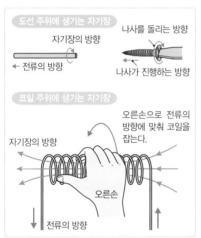

도선 주위에 생기는 자기장

자기장의 방향

← 전류의 방향

나사를 돌리는 방향

나사가 진행하는 방향

코일 주위에 생기는 자기장

자기장의 방향

오른손으로 전류의 방향에 맞춰 코일을 잡는다.

오른손

전류의 방향

 앙페르의 오른나사 법칙

나사의 진행 방향으로 전류의 방향을 맞추면 나사를 돌리는 방향이 자기장의 방향이 된다.

 플레밍의 오른손 법칙

오른손의 엄지손가락을 뺀 나머지 손가락으로 전류가 흐르는 방향에 맞춰 코일을 감싸듯이 쥐면 엄지손가락이 향하는 방향이 코일의 안쪽 자기장이 된다.

자기장 속에서 전류가 받는 힘

자기장의 방향

받는 힘의 방향

전류의 방향

 플레밍의 왼손 법칙

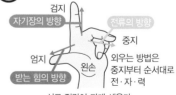

검지

자기장의 방향

전류의 방향

중지

엄지

받는 힘의 방향

왼손

외우는 방법은 중지부터 순서대로 전·자·력

서로 직각이 되게 세운다.

운동과 에너지

이 단원에서 다루는 주제는 물체끼리 작용하는 힘 그리고 물체의 운동입니다. 또, 물체가 지니는 에너지에 대해서도 생각해봅시다.

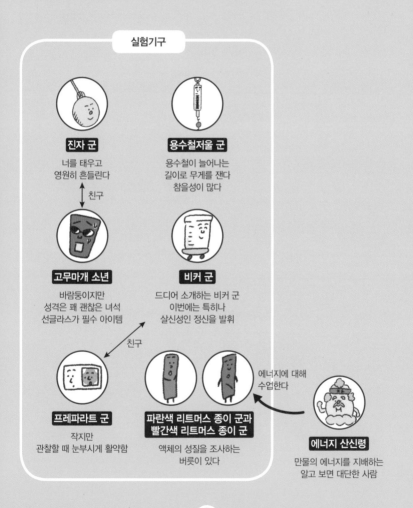

실험기구

진자 군
너를 태우고
영원히 흔들린다

친구

용수철저울 군
용수철이 늘어나는
길이로 무게를 잰다
참을성이 많다

고무마개 소년
바람둥이지만
성격은 꽤 괜찮은 녀석
선글라스가 필수 아이템

친구

비커 군
드디어 소개하는 비커 군
이번에는 특히나
살신성인 정신을 발휘

프레파라트 군
작지만
관찰할 때 눈부시게 활약함

**파란색 리트머스 종이 군과
빨간색 리트머스 종이 군**
액체의 성질을 조사하는
버릇이 있다

에너지에 대해
수업한다

에너지 산신령
만물의 에너지를 지배하는
알고 보면 대단한 사람

속력

스피드 경쟁을 하고 있던 교통수단들이었는데, 공전하는 지구 군에게는 이길 수 없네요.

속력은 일정 시간에 이동한 거리로 나타냅니다.

$$속력\,(m/s) = \frac{이동\ 거리(m)}{걸린\ 시간(s)}$$

손수레 운동은 기록 타이머를 사용해서 계산해볼 수 있어요.

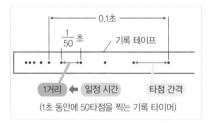

▲기록 타이머의 기록 예시

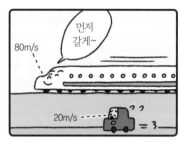

○ $속력\,(m/s) = \frac{이동\ 거리(m)}{걸린\ 시간(s)}$

때와 장소를 구분해!

까 ...
간다, 호잇!
와아~
손수레 군

속력이 일정해.
등속 직선 운동이야.
삼각 플라스크 군
비커 군

끼—익
위험해.
톡
!

지금 설명하고 있을 때야?
으앙
이건 자유 낙하야.

※마지막 컷 상황부터는 옆 방향의 힘도 작용해요.

등속 직선 운동과 자유 낙하

손에서 벗어나 매끄럽고 평평한 길을 이동하는 손수레에는 운동 방향으로 힘이 작용하지 않아요. 따라서 손수레의 속력은 일정하며, 일직선으로 달리게 되는 것이죠. 이러한 운동을 **등속 직선 운동**이라고 합니다.

손수레가 비탈길을 내려갈 경우, 운동 방향으로 일정한 힘이 가해지므로 속력은 일정한 비율로 증가합니다.

비탈길의 각도가 클수록 가해지는 힘도 세지기 때문에 속력도 빨라집니다. 각도를 최대(90°)로 했을 경우, 손수레는 바로 아래로 떨어집니다. 이것이 **자유 낙하**(운동)입니다.

…그나저나 친구들, 안 깨졌어요?

P O I N T

○ 힘을 일정하게 계속 가하면 속력은 일정한 비율로 변화하며, 그 힘이 셀수록 크게 변화한다.

수압과 부력

철 군이 올라탄 스티로폼은 왜 뜰까요? 물속의 물체에는 여러 방향에서 **수압**이 가해집니다. 이는 물의 무게와 관련이 있어서 물체가 깊은 곳에 있을수록 위쪽 물의 양이 많아져서 수압도 커집니다. 즉, 물체의 밑바닥은 윗면보다 큰 압력을 받게 되는 것이죠. 이 힘의 차이가 위쪽으로 떠받치는 힘, 다시 말해 **부력**을 만듭니다.

철의 무게로 스티로폼이 가라앉으면, 그 무게만큼 부력도 커져서 물에 뜨게 되는 거죠.

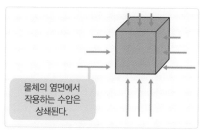

물체의 옆면에서 작용하는 수압은 상쇄된다.

▲물속의 물체에 가해지는 수압

◉ 물속의 물체에는 위쪽으로 향하는 부력이 작용한다.

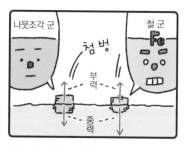

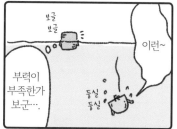

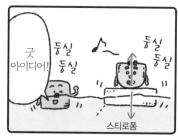

이사 1

힘의 합성

비커 군, 그렇게 해서는 짐을 옮길 수 없어요. 두 사람이 한 행동은,

❶ 두 힘의 방향이 같다.

❷ 두 힘의 방향이 반대다.

❸ 두 힘이 일직선상에 없다.

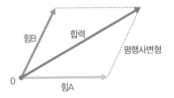

이 중 ❷의 합성이에요. 힘을 합치려고 했는데, 원래 힘보다 작아지고 말았어요. 보통 물체가 멈춰 있을 경우, 물체에 가해지는 모든 힘은 평형을 이루고 합력은 0입니다.

P O I N T

○ 두 힘은 하나의 힘으로 합성할 수 있다.

힘의 분해

그건 힘의 분해가 아닌 것 같은데요….
그나저나 기껏 정리해둔 이삿짐을 풀
어헤쳐도 되나요?

하나의 힘은 이를 대각선으로 하는
평행사변형의 두 변으로 분해할 수 있
어요. 그러니까 평행사변형을 그림으
로 그리면, 각 성분의 분력을 구할 수
있습니다.

경사면 위의 물체의 중력은 그림 속
의 분력 A·B로 분해할 수 있어요.

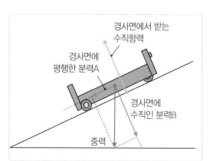

▲경사면 위에 있는 물체에 작용하는 힘

P O I N T

◦ 경사면의 각도가 클수록 경사면에 평행한 분력도
커진다.

버스

관성의 법칙

철 군, 손잡이를 안 잡으니까 앞으로 뒤로 데굴데굴 구르잖아요. 이는 물체에 **관성**이라는 성질이 있기 때문이에요.

> ### 관성의 법칙
>
> 외부에서 힘이 가해지지 않는 한 정지한 물체는 영원히 정지한 채로 있으며, 운동하던 물체는 등속 직선 운동을 계속하려고 한다.

만화로 예를 들면 버스가 급발진했을 때 철 군은 정지 상태를 유지하려고 하다가 뒤로 구르고, 반대로 버스가 급정지했을 때는 등속 직선 운동을 계속하려고 하다가 앞으로 구른 거랍니다.

P O I N T

● 관성: 물체가 자신의 운동 상태를 지속하려는 성질

철 밀치기

작용 반작용의 법칙

부딪힌 철 군과 철순이가 튕겨 나간 건 서로에게 같은 힘이 작용했기 때문이에요. 이때, 한쪽의 힘을 **작용**이라고 하며, 나머지 한쪽의 힘을 **반작용**이라고 합니다. 2개의 힘 사이에는 다음과 같은 관계가 성립합니다.

- 크기가 같다.
- 일직선상에 있다.
- 방향이 반대다.

이를 **작용 반작용의 법칙**이라고 합니다. 비커 군은 자신에게 가해진 힘을 이기지 못하고 깨져버렸네요···.

철 군과 철순이처럼 스케이트보드를 타고 위험한 행동은 하지 않을 거죠?

P O I N T
- 물체에 힘을 가하면 크기는 같고 방향은 반대인 힘을 동시에 받는다.

스카이다이빙

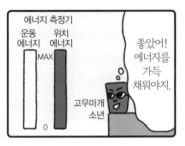

에너지 측정기

운동 에너지 / 위치 에너지

MAX

좋았어! 에너지를 가득 채워야지.

고무마개 소년

0

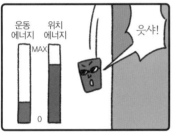

운동 에너지 / 위치 에너지

MAX

웃샤!

0

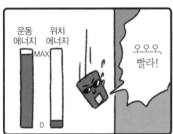

운동 에너지 / 위치 에너지

MAX

오오오, 빨라!

0

운동 에너지 / 위치 에너지

MAX

퐁

어? 제로?

툭

0

위치 에너지와 운동 에너지

2개의 측정기를 다 채우려고 하다가 모두 0이 돼버렸어요.

위치 에너지는 높은 곳에 있는 물체가 가지는 에너지예요. 이 에너지는,

- 위치가 높을수록 크다.
- 질량이 클수록 크다.

즉, 낙하하면서 위치가 낮아졌기 때문에 감소한 거랍니다.

반대로 낙하하는 사이에 **운동 에너지**는 증가했어요. 이 에너지는,

- 속력이 빠를수록 크다.
- 질량이 클수록 크다.

따라서 착지로 움직임이 멈췄기 때문에 0이 된 거죠. 참고로 사라진 운동 에너지는 지면과 충돌하는 데 쓰였어요.

POINT

◉ 물체가 다른 물체에게 일을 수행하는 능력을 에너지라고 한다.

진자

역학적 에너지 보존

진자 운동이 좀처럼 끝나지 않는 것은 위치 에너지와 운동 에너지가 번갈아 전환되기 때문입니다.

위치 에너지와 운동 에너지의 합을 **역학적 에너지**라고 하며, 진자 운동에서는 일정하게 보존됩니다(공기저항을 생각하지 않을 경우).

이를 **역학적 에너지 보존**이라고 합니다.

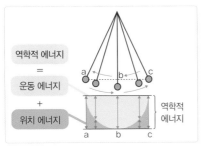

▲ 진자 운동
추의 위치가 가장 높을 때 위치 에너지는 최대가 되며, 운동 에너지는 0이 된다. 반대로 가장 낮을 때는 위치 에너지가 최소가 되고, 운동 에너지는 최대가 된다.

POINT
○ 역학적 에너지 = 위치 에너지 + 운동 에너지
→ 역학적 에너지 보존

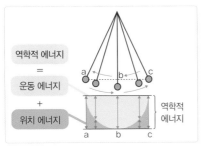

일을 안 한다고?

재는 일..., 안 하네.

시험관꽂이 군
리트머스 종이 군들

응응

재도 일 안 해….

책상 군

응응

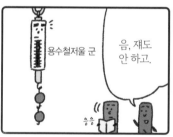

음, 재도 안 하고.

용수철저울 군

응응

아니…, 역학적으로 그렇단 소리야.

잠깐! 그게 무슨 말이야.

일하고 있다고!

에너지와 일

맞아요, 일이 아니에요. 실험기구 여러분은 화낼지도 모르겠지만 과학에서 말하는 **일**이란, 힘을 가한 방향으로 물체를 움직이는 거예요.

그러니까 힘을 가해도 물체가 움직이지 않거나, 물체를 지탱하기만 한다면 그건 일이라고 할 수 없어요.

일의 단위는 J(줄)을 사용해서 다음과 같은 식으로 나타냅니다.

일(J) = 힘의 크기(N) × 힘의 방향으로 움직인 거리(m)

이제 물체에 가하는 힘이 클수록, 또 움직이는 거리가 멀수록 일이 커진다는 걸 알 수 있을 거예요.

P O I N T

◎ 일(J) = 힘의 크기(N) X 힘의 방향으로 움직인 거리(m)

도르래와 일률

만화처럼 **움직도르래**를 사용하면 들어 올릴 때 필요한 힘은 반으로 줄지만, 실을 당기는(움직이는) 거리는 2배가 됩니다. 그렇기 때문에 직접 들어 올렸을 때와 일의 크기는 변하지 않아요. 이를 **일의 원리**라고 합니다.

일의 크기는 같지만, 도구를 사용하면 효율이 높아집니다. 일의 능률을 **일률**이라고 하며, 1초 동안 한 일을 나타냅니다.

$$일률 = \frac{일(J)}{걸린\ 시간(s)}$$
$$(W)$$

크레인의 고리 부분에는 움직도르래가 쓰이고 있어서 작은 힘으로도 무거운 물건을 들어 올릴 수 있답니다.

공차.

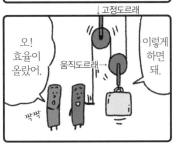

| 고정도르래

오! 효율이 올랐어.

움직도르래→

이렇게 하면 돼.

짝짝

흔들…

으앗.

윙―

크레인 군

내 일률이 최고지?

뭐얏!

다양한 열전달 방법

전도

대류

졸졸

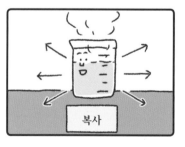

복사

전도·대류·방사

가열된 주전자 군에서 물로, 물에서 비커 군에게로 열이 전달되었어요.

온도가 다른 물체가 접촉하면 온도가 높은 쪽에서 낮은 쪽으로 열이 전달됩니다. 이러한 열의 전달 방법을 **전도(열전도)**라고 합니다.

데워진 물이나 공기는 상승하고, 차가운 물이나 공기는 하강합니다. 이러한 순환을 통해 열이 전달되는 현상이 **대류**입니다.

따뜻한 물이 들어간 비커 군의 주위에도 열이 전해졌어요. 이는 적외선 등이 나오고 있기 때문입니다. 이처럼 떨어진 물체 사이로 열이 전해지는 현상을 **복사(열복사)**라고 합니다.

P O I N T

◉ 열의 전달 방법: 전도(열전도), 대류, 복사(열복사)

에너지 보존 법칙

여러 가지 에너지로 전환되면서 100원짜리 동전이 보존되었어요. 대단한 저금통이었네요.

만화 속에는 이 외에도 여러 에너지의 전환이 숨어 있어요.

가스버너 연료의 화학 에너지가 불꽃의 열에너지가 됐고, 100원짜리 동전이 '짤랑' 하고 떨어졌을 때의 소리도 에너지예요.

이처럼 다양한 모습으로 전환되어도 에너지의 총량은 항상 일정하게 보존됩니다. 이를 **에너지 보존 법칙**이라고 해요.

P O I N T

○ 다양한 에너지가 서로 전환되어도 에너지의 총량은 항상 일정하게 보존된다.

에너지 효율

연료는 언젠가 고갈되지.

에너지 산신령

우리나라 대부분의 전기가 화력 발전소에서 만들어지는데…,

알겠어요.

그러니까 에너지를 아껴 써야 해.

↑ 빨간색 리트머스 종이 군

?

우오오오오!

취취

취취

노력 발전이에요!

털썩

번쩍

발전의 종류

리트머스 종이 군, 에너지 산신령의 말을 오해했네요. 에너지를 아껴 쓴다는 건 효율적으로 사용하는 것을 말해요. 노력 발전으로는 전력을 공급할 수 없답니다.

하지만 **화력 발전**의 과제는 자원뿐만이 아니에요. 화석연료를 태울 때 배출되는 이산화 탄소가 증가하면서 지구온난화의 원인이 되기 때문이죠.

한편 **수력 발전**은 물의 위치 에너지를 이용한 발전입니다. 비교적 친환경적이지만 날씨에 좌우되며 자연환경에도 영향을 미쳐요.

원자력 발전은 우라늄 원자의 핵분열을 이용합니다. 소량의 핵연료에서 대량의 에너지를 얻을 수 있지만 충분한 안전 관리가 필요합니다.

ⓟ ⓞ ⓘ ⓝ ⓣ

◦ 발전 방법에는 각각 장단점이 있다.

재생 에너지

바이오매스란 에너지원이나 자원으로 이용할 수 있는 생물체를 말합니다. 물론 유기물이기 때문에 타면서 이산화 탄소를 배출하죠. 그러나 식물이 광합성을 하면서 대기 중으로 흡수한 이산화 탄소가 에너지원이기 때문에 **재생 에너지**에 포함됩니다.

재생 에너지는 고갈되지 않아요. 환경을 덜 오염시키는 장점이 있지만, 입지 조건과 발전 효율 등 과제도 많이 남아 있어 아직 대규모 발전으로는 이어지지 못하고 있습니다.

ⓟⓞⓘⓝⓣ
◎ 재생 에너지: 태양 에너지, 풍력, 파력, 지열, 바이오매스 등

나이스 볼!

원자력 발전은 소량의 핵연료만으로도 대량의 에너지를 만들 수 있어.

에너지

방사능?

그러나 사용후 핵연료에는 방사능이 있어서 충분한 안전 관리가 필요해.

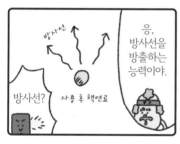

방사선

방사선?

사용 후 핵연료

응, 방사선을 방출하는 능력이야.

그건 포물선. 하지만 나이스 볼!

이런 건가?

타악

방사선

방사선은 우라늄 등의 원자핵이 분열할 때 방출되는 고속 입자 또는 높은 에너지를 가진 전자기파의 총칭입니다.

- **X(엑스)선**: 뢴트겐이 발견. 전하를 띠지 않는다.
- **α(알파)선**: +전하를 띠는 헬륨 원자핵의 흐름.
- **β(베타)선**: −전하를 띠는 전자들의 흐름.
- **γ(감마)선**: 전하를 띠지 않는다.

방사선의 주요 성질

❶ 눈에 보이지 않는다.
❷ 물체를 통과하는 능력(투과력)이 있다.
❸ 원자를 분리하는 능력(이온화 작용)이 있다.

POINT

◦ 물질이 방사선을 방출하는 능력을 방사능이라 하며, 방사선을 방출하는 물질을 방사성물질이라 한다.

방사선의 이용

리트머스 종이 군은 무서워할 필요가 없어요. 하지만 우리 인간은 그렇지 않죠.

방사선은 세포를 파괴하거나 DNA를 변화시키는 성질이 있어요.

단, 에너지 산신령 말대로 필요 이상으로 무서워할 필요는 없습니다. 우리는 대기와 석회, 식물의 방사선에 노출되어 있고, 생활 전반에서 방사선이 이용되고 있거든요.

방사선의 단위

Bq(베크렐): 방사성물질이 방사선을 방출하는 능력
Gy(그레이): 물질에 흡수되는 방사선 에너지의 크기
Sv(시버트): 방사선이 인체에 끼치는 영향

P O I N T

◎ 방사선에 노출되는 것을 '피폭'이라 한다.

속력

 속력(m/s) = $\dfrac{\text{이동 거리(m)}}{\text{걸린 시간(s)}}$

외우는 방법

등속 직선 운동

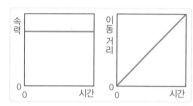

○ 물체가 등속 직선 운동을 할 때,

이동 거리 = 속력 × 시간
  (m)   (m/s)   (s)

등속 직선 운동은 일정한 속력으로
일직선으로 움직이는 운동을 말해요.

부력

 부력 = 물체에 가해지는 중력 − 물속에 넣었을 때의 용수철저울의 무게
  (N)   (N)   (N)

관성의 법칙

 외부에서 힘이 가해지지 않는 한 정지한 물체는 영원히 정지한 채로 있으며,
운동하던 물체는 등속 직선 운동을 계속하려고 한다.

급발진이나 급브레이크로
몸이 뒤쪽이나 앞쪽으로 기우는 것은
관성 때문입니다.

작용 반작용의 법칙

 작용과 반작용은,
❶ 크기가 같다.
❷ 일직선상에 있다.
❸ 방향이 반대다.

스케이트보드를 타고 부딪쳤을 때
팅겨 나기는 것은
작용 반작용 때문입니다.

역학적 에너지의 보존

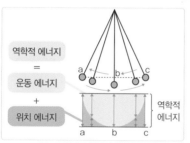

역학적 에너지
=
운동 에너지
+
위치 에너지

 역학적 에너지
= 운동 에너지 + 위치 에너지
→ 역학적 에너지는 일정하다.

일

 일(J) = 힘의 크기(N) × 힘의 방향으로 움직인 거리(m)

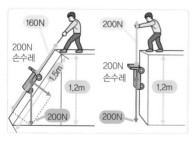

○ 도구나 비탈길을 이용하거나, 하지
않아도 일의 크기는 같다.

◀ 왼쪽 그림)
160(N)× 1.5(m) = 240(J)
오른쪽 그림)
200(N)× 1.2(m) = 240(J)

 일률(W) = $\dfrac{일(J)}{걸린 시간(s)}$

헤헤헤,
뭘 이 정도
가지고~

야구
잘하네,

Chapter 4

지구과학
세계

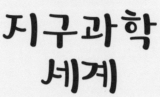

대지의 변화

이 단원에서 다루는 주제는 우리 발아래 펼쳐져 있는 대지입니다. 또, 대지를 이루는 암석의 종류와 대지의 기능에 대해서도 알아봅시다.

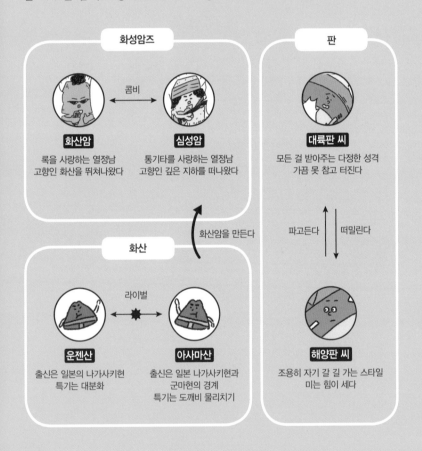

화성암즈

화산암
록을 사랑하는 열정남
고향인 화산을 뛰쳐나왔다

콤비

심성암
통기타를 사랑하는 열정남
고향인 깊은 지하를 떠나왔다

화산암을 만든다

화산

운젠산
출신은 일본의 나가사키현
특기는 대분화

라이벌

아사마산
출신은 일본 나가사키현과
군마현의 경계
특기는 도깨비 물리치기

판

대륙판 씨
모든 걸 받아주는 다정한 성격
가끔 못 참고 터진다

파고든다   떠밀린다

해양판 씨
조용히 자기 갈 길 가는 스타일
미는 힘이 세다

화산의 분화

아이고, 씨름을 하다가 무시무시한 난투전이 벌어졌네요. 화산 분출물이 이리저리 날립니다.

화산 분출물은 원래 지하의 암석이 군데군데 녹은 물질(마그마)로, 몇 가지 종류가 있습니다.

화산 가스는 화산 분출물 중에서도 기체 물질로, 주성분은 수증기입니다. **화산재**는 자그마한 용암의 파편입니다. **화산탄**은 분출된 마그마가 공중에서 식으면서 굳어진 덩어리입니다.

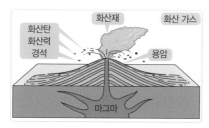

▲화산 분출물의 종류

암석 밴드맨

나는 화산을 만드는 암석.

이름하여 화산암.

나는 깊은 지하에서 태어난,

심성암 이야.

화성 암즈!

우리 둘은…,

조 ― 용…

그러게.

이제 관객만 있으면 되는데.

화성암의 구조

화산암과 심성암 콤비는 세트로 외웁시다.

화산암은 마그마가 지표로 올라와 빨리 식으면서 만들어진 암석이에요. 반정과 석기로 이루어진 **반상조직**이 특징입니다.

심성암은 지하에서 천천히 식으면서 만들어진 암석입니다. 결정 크기가 대체로 고른 크기를 가진 **등립상 조직**의 화강암입니다.

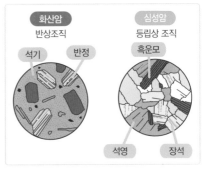

▲ 화산암과 심성암의 구조

POINT

- 화성암이란 화산암+심성암을 말한다.
- 화산암: 반상조직
- 심성암: 등립상 조직

마그마의 점성과 화산의 모양

마그마 점성이 높으면 봉긋 솟은 모양의 화산이 되며, 세차게 분화합니다. 또, 화성암은 하얗게 됩니다.

반대로 마그마 점성이 낮으면 경사가 완만한 모양의 화산이 되고, 차분하게 분화합니다. 또, 화성암은 시커멓게 됩니다.

점성이 중간이라면? 화산은 원뿔 모양이 되고, 화성암은 중간 정도의 회색이 됩니다.

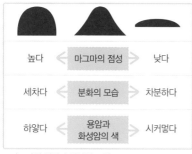

높다	← 마그마의 점성 →	낮다
세차다	← 분화의 모습 →	차분하다
하얗다	← 용암과 화성암의 색 →	시커멓다

▲마그마의 점성과 화산의 모양

○ 마그마가 끈적할수록 화성암의 색은 하얘진다.

용암이 차분히 흐른답니다.

우리 집은 까매요.

오~ 멋지당

암석 군

마그마 점성이 높아서 봉긋 솟은 모양을 하고 있어요.

저희 집은 하얗습니다.

암석 양

세련된 돔 모양

하지만…

퍼—엉

!?

우왓

오늘 저녁은 카레야

뭉게 뭉게 뭉게

가끔 엄청 무섭게 분화해요. 이렇게…

웅성 웅성

165

진원은 어디?

진앙의 '앙'은 가운데라는 의미로 중앙의 '앙'이야.

9:00에 흔들리기 시작

지표에서 같은 시각 지진의 관측 지점을 선으로 이으면 돼.

진앙

그리고 진원은,

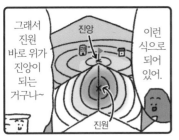

그래서 진원 바로 위가 진앙이 되는 거구나~

진앙

이런 식으로 되어 있어.

진원

진원과 진앙의 관계

진원의 '원'은 '근원'이라는 의미로 지진이 발생한 지점을 말합니다.

지진이 발생하면 진원에서 지진의 파동이 주위로 전해집니다. 그래서 지표에서 같은 시각 지진의 진동을 관측한 지점을 선으로 이으면 원의 형태가 됩니다. 이 원의 한가운데가 **진앙**입니다. 진앙의 '앙'이란 '중앙'을 의미해요.

진앙은 지상에, 진원은 지하에 있어!

P O I N T

○ 진앙은 진원 바로 위의 지표면과 만나는 지점이다.

166

P파와 S파

물론, 외우기엔 좋겠지만 올바른 답도 꼭 알아두세요.

P파는 Primary wave(첫 번째 진동), S파는 Secondary wave(두 번째 진동)이라는 의미예요.

지진이 일어나면 두 진동이 동시에 발생하고 주위로 전해집니다.

속력이 빠른 P파가 먼저 도착하여 작은 진동(초기미동)을 일으킵니다. 속력이 느린 S파는 나중에 도착해 큰 진동(주요동)을 일으킵니다.

P파와 S파가 도달하는 시간의 차를 **초기미동 계속시간**이라 하며, 진원까지의 거리에 비례하고 멀수록 길어집니다.

POINT
○ 지진의 진동은 빠른 파동(P파)과 느린 파동(S파)에 의해 발생한다.

매그니튜드

지진속보
매그니튜드는…

응? 흠.

삐삐

물론
매그니튜드는
지진의 규모를
나타내지만,

무슨
소리!

다행이야.
매그니튜드가
이 정도라면 걱정
할 필요 없겠어.

흔들 흔들

흔들

진원

설령 규모가
작더라도 진원이
얕으면 진도는
커진다고.

농담이야.

털썩

수업
'진도'가
너무
빨라.

털썩

지진의 에너지

정말… 썰렁한 농담이네요.

자, **진도**는 지진의 흔들림의 크기를
나타내는 척도로, 10단계로 나뉩니다.
보통 진원에서 멀수록 진도는 작아지
지만, 진원에서의 거리가 같아도 지하
의 지질 구조에 따라 진도는 달라질 수
있습니다.

또한 지진의 규모를 나타내는 단위
는 M(매그니튜드)입니다.

매그니튜드가 큰 지진일수록 흔들
림이 전해지는 범위가 넓어집니다. 매
그니튜드가 같은 지진의 경우는 진원
이 얕은 쪽이 진도가 큰 지진이 됩니다.

P O I N T
- 진도: 지진의 흔들림의 크기
- 매그니튜드: 지진의 규모

지진의 발생 구조

판은 지구의 표면을 덮고 있는, 두께 100km 정도의 암반을 말합니다. 일본 근처에서는 4개의 판이 모여 있어 서로 영향을 주고받고 있어요.

판의 경계에서 지진이 일어날 때는 아래와 같이 됩니다.

❶ 해양판이 대륙판 아래로 가라앉고, 대륙판이 떠밀려 뒤틀림이 쌓인다.

❷ 뒤틀림이 한계에 달하면 암석이 파괴되어 대륙판이 치솟게 되고, 지진이 일어난다. 이때 바닷물이 크게 일어난다.

❸ 바닷물이 **해일**이 되어 주위로 퍼져나가 육지에 밀어닥친다.

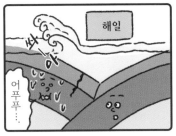

Ⓟ Ⓞ Ⓘ Ⓝ Ⓣ

◉ 판의 경계에서 발생하는 진원이 깊은 지진 외에도, 진원이 얕은 지진도 일어난다.

움직이는 대지

지표면과 달리 지구는 매우 크기 때문에 울퉁불퉁해질 일은 없어요. 하지만 실제로 지면이 갑자기 상승하거나(융기), 가라앉을(침강) 때는 있어요.

해안 근처에서 볼 수 있는 평평한 지형과 급한 경사의 절벽으로 이루어진 계단 형태의 지형은 급격한 대지의 융기와 해수면의 하강으로 만들어진 거예요. 이를 **해안단구**라고 합니다.

판의 운동에 의해 큰 힘을 받은 지하의 암반이 깨져서 서로 어긋난 것을 **단층**, 대지가 힘을 받아 휘어진 부분을 **습곡**이라고 합니다.

ⓟⓞⓘⓝⓣ

◎ 판 운동에 의해 지진이 일어나기도 하고, 대지가 움직이기도 한다.

지층이 만들어지는 과정

실제로 어떤 현상이 일어나는지 살펴 봅시다.

❶ 풍화로 약해진 암석은 바람이 불 고 물이 흐르면서 깎이게 되는데, 이러한 작용을 **침식**이라고 해요.

❷ 물이 흐르면서 토사를 하류 쪽으 로 옮기게 되는데, 이를 **운반**이라 고 해요.

❸ 운반된 토사는 강바닥에 쌓이게 되는데, 이것은 **퇴적**이라고 해요.

❹ 퇴적물이 계속 쌓이면서 지층이 만들어집니다.

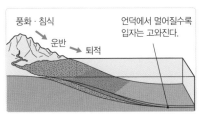

▲지층이 만들어지기까지
바다나 호수에 흘러내린 토사가 강바닥에 넓게 쌓인다.

◎ 입자가 작은 토사일수록 멀리 운반된다.

1억 년 후의 지구

미래인이 지층 연구를 하니…

이건 중생대의 지층…

공룡의 화석?

?

어째서 고생대의 생물이?

그 옆에 삼엽충 화석도 발견!

뭐얏? 대체 이 시대에 무슨 일이?

같은 지층에 21세기의 자동차까지!

화석은 박물관의 흔적이었군.

아…

OX박물관

지층

만약 미래인이 겹쳐진 지층을 조사한 다면 이 만화와 같은 일이 일어날지도 모르겠네요.

지층을 만드는 퇴적물은 오랜 세월을 거치면서 딱딱하게 굳어 퇴적암이 됩니다.

퇴적암은 퇴적된 토사의 입자의 크기에 따라 **역암·사암·셰일(이암)**으로 나눌 수 있습니다. 또한 퇴적물의 종류에 따라 **석회암**(생물 시체 등에 포함된 탄산 칼슘)·**각암**(생물 시체 등에 포함되어 있는 이산화 규소)·**응회암**(화산 분출물)이라는 암석이 됩니다.

ⓟⓞⓘⓝⓣ
- 퇴적물이 만들어진 장소는 퇴적암의 특징을 보면 알 수 있다.

표준화석과 시상화석

표준화석은 특정 시대에만 살았던 생물의 화석으로, 지층이 만들어진 시대(지질연대)를 추정할 수 있습니다. 대표적인 화석은 만화 속 말장난처럼 외울 수 있어요.

한편 특정 환경에서만 살 수 있는 생물의 화석을 **시상화석**이라고 하는데, 이것으로 지층이 생긴 당시의 환경을 추정할 수 있습니다.

시상화석이 되는 생물	추정할 수 있는 생활 환경
산호	따뜻하고 얕은 바다
가리비	수온이 낮은 얕은 바다
조개	호수나 하구
너도밤나무	온대 지역에서도 비교적 춥고 차가운 곳의 육지

▲시상화석으로 추정할 수 있는 생활 환경

낡은 삼단 지갑…

하아

푸욱 밤 공터에서 한숨 쉬던 중 신기한 나비를 보다.

초현실주의 만화

낡은(고생대) 삼단 지갑(삼엽충)
푸욱(푸줄리나)
밤(암모나이트) 공터에서(공룡)
한숨 쉬던 중(중생대)
신기한(신생대) 나(나우만코끼리)
비를 보다(비카리아)

휘이―

POINT
◦ 추정할 수 있는 것
 · 표준화석: 퇴적한 시대
 · 시상화석: 당시의 환경

마그마의 성질과 화산의 모양

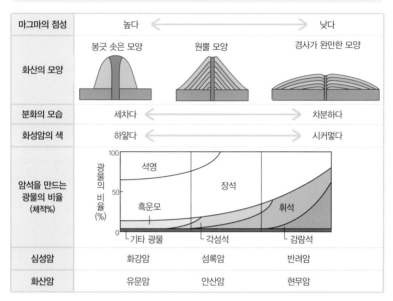

마그마의 점성	높다 ⟵⟶ 낮다		
화산의 모양	봉긋 솟은 모양	원뿔 모양	경사가 완만한 모양
분화의 모습	세차다 ⟵⟶ 차분하다		
화성암의 색	하얗다 ⟵⟶ 시커멓다		
암석을 만드는 광물의 비율 (체적%)	석영 / 흑운모 / 기타 광물	장석 / 각섬석	휘석 / 감람석
심성암	화강암	섬록암	반려암
화산암	유문암	안산암	현무암

마그마 점성이 높아서 봉긋 솟은 모양을 하고 있어요.

저희 집은 하얗습니다.

암석 양

마그마가 끈적할수록 하얀 화산이 됩니다.

용암이 차분히 흐른답니다.

우리 집은 까매요.

암석 군

지진의 흔들림

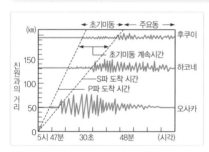

▲지진 파동의 도착 시각과 진원 거리의 관계
(일본 효고현 남부 지진)

○ 초기미동 계속시간은 진원에서 멀수록 길어진다.

P파(초기미동) → S파(주요동) 순서로 전해집니다.

서 있기도 힘든 진동이니까 S파야?

아니오!

처음에 P해야만 할 것 같으니까 P파고.

퇴적암의 종류

퇴적암	주요 퇴적물		
역암	암석과 광물의 파편	**자갈** 직경 2mm 이상	
사암		**모래** 직경 0.0625($\frac{1}{16}$)~2mm	
셰일(이암)		**진흙** 직경 0.0625($\frac{1}{16}$)mm 이하	
석회암	생물의 시체나 물에 녹은 성분의 침전물	묽은 염산을 뿌리면 이산화 탄소가 발생한다.	
각암		묽은 염산을 뿌려도 기체는 발생하지 않는다.	
응회암	화산 분출물(화산재·화산력·경석 등)		

지질연대와 대표적인 표준화석

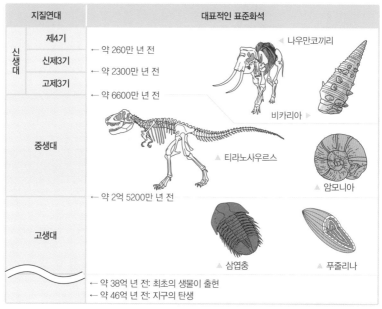

지질연대		대표적인 표준화석
신생대	제4기	← 약 260만 년 전
	신제3기	← 약 2300만 년 전 ◀ 나우만코끼리
	고제3기	← 약 6600만 년 전 비카리아 ▶
중생대		▲ 티라노사우르스 ▲ 암모니아
		← 약 2억 5200만 년 전
고생대		▲ 삼엽충 ▲ 푸줄리나
		← 약 38억 년 전: 최초의 생물이 출현
		← 약 46억 년 전: 지구의 탄생

낡은(고생대) 삼단 지갑(삼엽충) 푸욱(푸줄리나)
밤(암모나이트) 공터에서(공룡) 한숨 쉬던 중(중생대)
신기한(신생대) 나(나우만코끼리) 비를 보다(비카리아)

날씨의 변화

이 단원에서 다루는 주제는 날씨를 변화시키는 요소입니다. 구름과 바람이 생기는 원리와 동아시아 날씨의 구조를 이해해봅시다.

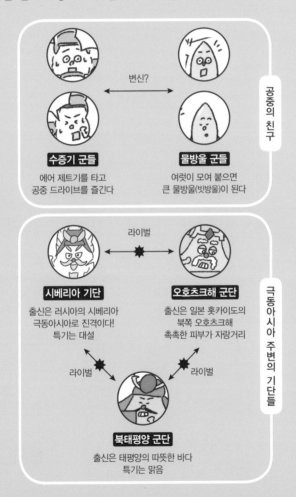

변신?

수증기 군들
에어 제트기를 타고
공중 드라이브를 즐긴다

물방울 군들
여럿이 모여 붙으면
큰 물방울(빗방울)이 된다

공중의 친구

라이벌

시베리아 기단
출신은 러시아의 시베리아
극동아시아로 진격이다!
특기는 대설

오호츠크해 군단
출신은 일본 홋카이도의
북쪽 오호츠크해
촉촉한 피부가 자랑거리

라이벌

라이벌

북태평양 군단
출신은 태평양의 따뜻한 바다
특기는 맑음

극동아시아 주변의 기단들

날씨를 나타내는 기호

아무리 그래도 성게가 하늘에서 내리면 곤란한데요? 우산에 구멍이 뚫리니까요.

성게 같은 모양은 없지만 실제로 사용되는 날씨 기호는 아래처럼 표현해요.

그리고 날씨 기호에 풍향·풍력을 표현하는 깃 모양을 더한 것을 **일기도 기호**라고 합니다. 일기도 기호를 보면 관측 지점마다 기상 요소를 파악할 수 있어요.

▲일기도 기호 나타내는 법

Ⓟ Ⓞ Ⓘ Ⓝ Ⓣ

◌ 구름의 양이 0~1은 쾌청, 2~8은 맑음, 9~10은 흐림

성게 날씨?

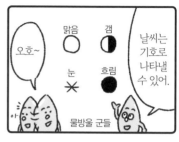

개그 콤비

출동! 에어 제트기

이슬점과 습도

더운 날에 마시는 주스는 꿀맛이죠! 하지만 수증기 군에게는 엄청난 재난이었어요. 얼음을 넣은 유리컵 때문에 공기가 차가워져서 수증기 군이 물방울이 되었거든요.

이처럼 수증기가 물방울로 변하는 현상을 **응결**이라고 합니다.

공기가 차가워져서 응결될 때의 온도를 그 공기의 **이슬점**이라고 합니다.

공기는 온도에 따라 포함할 수 있는 수증기의 최대량이 정해져 있으며, 이를 **포화수증기량**이라고 합니다. 온도가 낮을수록 포화수증기량은 줄어듭니다.

습도는 공기 중에 포함된 수증기량과 현재 기온에서의 포화수증기량의 비를 백분율로 나타낸 것입니다.

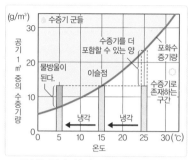

▲포화수증기량과 이슬점

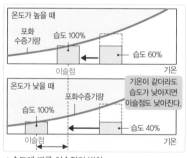

▲습도에 따른 이슬점의 변화

습도 구하는 공식

$$습도(\%) = \frac{공기\ 1㎥에\ 포함된\ 수증기\ 질량(g/㎥)}{현재\ 기온에서의\ 포화수증기량(g/㎥)} \times 100$$

P O I N T

○ 수증기량이 같아도, 기온이 바뀌면 습도도 바뀐다.

구름이 만들어지는 과정

위쪽으로 향하는 공기의 운동을 **상승기류**라고 하며, 발생 원인은 다양해요.

- 지표의 일부가 강하게 가열될 때.
- 공기가 산의 경사면을 따라 상승할 때.
- 찬 공기가 따뜻한 공기를 위로 밀어낼 때. 또는 찬 공기 위에 따뜻한 공기가 얹혔을 때.

상공일수록 기압이 낮아지므로 상승한 공기는 팽창합니다. 공기가 팽창하면 온도가 내려가기 때문에 일정 높이에서 이슬점에 도달해 수증기는 물방울이 됩니다.

이렇게 해서, 에어 제트기의 수증기 군들이 공중에 떠서 구름이 된 것이죠.

⊙ⓞⓘⓝⓣ

◦ 상승기류가 발생하면 상공에서 공기 온도가 낮아져 구름이 만들어진다.

고기압과 저기압

실루엣이 똑같아서 속고 말았네요.

기상도에서 기압이 같은 지점을 연결한 곡선을 **등압선**이라고 하며, 등압선이 둥글게 닫혀 있고 주위보다 기압이 높은 지역을 **고기압**, 낮은 지역을 **저기압**이라고 해요.

고기압에서는 중심부에서 시계 방향으로 바람이 불어 나가고, 저기압에서는 중심을 향해 반시계 방향으로 바람이 불어 들어옵니다. 바람 방향의 화살표가 반대로 된다는 것을 꼭 기억하세요!

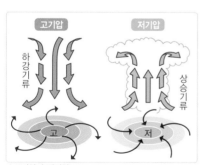

▲고기압과 저기압

P O I N T

◎ 등압선의 간격이 좁은 지점은 바람이 세다.

난기단과 한기단

격하게 부딪히는 난기단 선수와 한기단 선수. 형세가 역전하면서 전선 모양이 바뀐 것도 놓치지 마세요!

한기와 난기처럼 성질이 다른 기단끼리 부딪쳐서 생긴 경계면을 **전선면**이라고 하며, 전선면과 지표면이 마주치는 선을 **전선**이라고 합니다.

온난전선은 넓은 범위에 차분한 비를 내리고, 통과한 후에는 기온이 올라갑니다. **한랭전선**은 좁은 범위에 세찬 비를 내리고, 통과한 후에는 기온이 급격하게 내려갑니다.

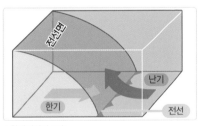

▲ 한랭전선의 모습

🅟 🅞 🅘 🅝 🅣

- 온난전선: 차분한 비 → 기온 상승
- 한랭전선: 세찬 비 → 기온 저하

전선과 날씨의 관계

한기와 난기의 세력이 비슷할 때 전선은 거의 이동하지 않고 **정체전선**이 됩니다. 정체전선 위는 구름이 만들어지기 쉽고, 따라서 날씨가 흐려집니다.

저기압 중심에서 전방(동쪽)으로 온난전선이, 후방(서쪽)으로 한랭전선이 발달하는데, 한랭전선이 빠르기 때문에 결국 온난전선을 따라잡아요. 이것이 **폐색전선**입니다.

극동아시아에서는 저기압이 서쪽에서 동쪽으로 이동하기 때문에 날씨도 이에 맞춰 서쪽에서 동쪽으로 변합니다.

전선의 종류	기호
온난전선	
한랭전선	
정체전선	
폐색전선	

▲전선의 종류와 기호

POINT
- 정체전선: 거의 이동하지 않고 계속 비가 내린다 → 장마 또는 가을비

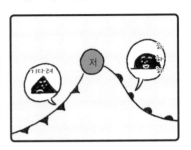

덮이면서 막히는 폐색전선

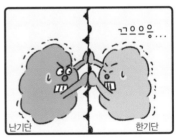

난기단　　　한기단

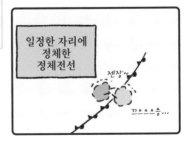

일정한 자리에 정체한 정체전선

여름과 겨울 날씨

장군들 같은 극동아시아 주위의 기단들. 계절마다 성질이 다른 기단의 영향을 받기 때문에 사계절이라는 고유한 날씨가 생깁니다.

북태평양 기단은 여름에 극동아시아 남동쪽 태평양에서 발달하는 따뜻하고 습한 기단입니다. 북태평양 기단의 세력이 강해지면 긴 장마가 끝나고, 본격적인 여름이 시작됩니다. 북태평양 고기압(태평양 고기압)에 뒤덮여 남동쪽 계절풍이 불어 고온다습한 맑은 날이 많아집니다.

시베리아 기단은 겨울에 유라시아 대륙에서 발달한 차갑고 건조한 기단입니다. 극동아시아 서쪽으로 시베리아 고기압, 동쪽으로 저기압이 발달하기 때문에 서고동저형 기압 배치를 이룹니다. 동해 쪽은 북서 계절풍이 수증기를 가득 품은 상태에서 산에 부딪히기 때문에 눈이 많이 내립니다. 그리고 남쪽은 차갑고 건조한 세찬 바람이 불기 때문에 맑고 건조한 날이 많아집니다.

▲ 극동아시아 주위의 주요 기단

POINT

◦ 여름에는 북태평양 기단, 겨울에는 시베리아 기단의 영향을 받는다.

빨래

봄과 가을 날씨

빨래를 말리려던 물방울 군, 널 때마다 비가 와서 고생만 했네요.

이렇게까지 극단적이진 않지만, 봄과 가을에는 **이동성 고기압**과 **온대 저기압**이 번갈아가며 통과하기 때문에 날씨가 주기적으로 바뀝니다.

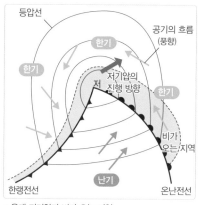

▲온대 저기압과 비가 오는 지역

장마철의 날씨

장맛비를 내리는 정체전선 군이 겨우 지나갔다고 생각했는데, 다시 돌아오네요. 하지만 정체전선 군의 말대로 같은 듯 다른 두 장마전선이랍니다.

장마철(6월 중순~7월 하순)에는 오호츠크해 기단과 북태평양 기단의 세력이 거의 같아져서 정체전선이 발생해요. 이를 **장마전선**이라고 하며, 넓은 띠 모양의 구름이 동아시아의 동서쪽으로 머물면서 장마가 시작됩니다(여름장마).

가을이 시작될 무렵(8월 하순~10월 초순)에도 기압 배치가 장마 시기와 비슷해지면서 정체전선이 만들어지고 장마가 여러 날 이어집니다. 이 시기의 장마를 **가을장마**라고 부르기도 합니다.

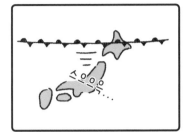

POINT
- 장마철 장마는 '여름장마', 초가을 장마는 '가을장마'라고 한다.

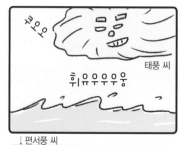

태풍

열대 해상에서 발생한 열대 저기압 중 최대 풍속이 17.2m/s(풍력 8) 이상 되는 바람을 **태풍**이라고 합니다. 따뜻한 바다의 다량의 수증기를 바탕으로 발달하며, 중심부에는 구름이 없고 바람이 약한 태풍의 눈이 있습니다.

7~8월은 북서쪽으로 움직여 북상하지만 7월 하순~9월쯤에 북태평양 고기압이 약해지면 **편서풍**을 타고 극동아시아에 상륙하는 일이 많아집니다.

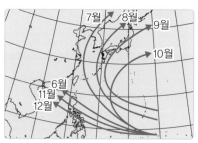

▲태풍의 진로

ⓟⓞⓘⓝⓣ

○ 극동아시아 상공에 강한 바람(편서풍)이 서쪽에서 동쪽으로 불어서 날씨는 서쪽에서 동쪽으로 바뀔 때가 많다.

188

해륙풍과 계절풍

해륙풍이란 바다에 접한 지역에서 바다 위와 육지 위의 기온 차에 의해 낮과 밤의 방향이 바뀌는 바람을 말합니다. **계절풍**과 구조가 같아요.

낮(여름)에는 햇빛을 받은 육지가 바다보다 빨리 따뜻해집니다. 그렇기 때문에 육지에서 상승기류가 발생하게 되고, 기압이 내려가서 바다에서 바람이 불어옵니다(해풍·남동 계절풍).

밤(겨울)에는 쉽게 차가워지는 육지에 비해 햇빛의 열이 남아 있는 바다쪽이 따뜻해집니다. 따라서 바다 위에서 상승기류가 발생하게 되고, 기압이 내려가서 육지에서 바람이 불어옵니다(육풍·북서 계절풍).

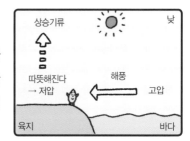

POINT

○ 해륙풍, 계절풍 모두 따뜻해지기 쉬운 지점에서 상승기류가 발생해 그 지점의 기압이 낮아지면서 바람이 분다.

공식 $\quad$ 습도(%) = $\dfrac{\text{공기 1㎥에 포함된 수증기 질량(g/㎥)}}{\text{현재 기온에서의 포화수증기량(g/㎥)}}$ × 100

구름이 만들어지는 과정

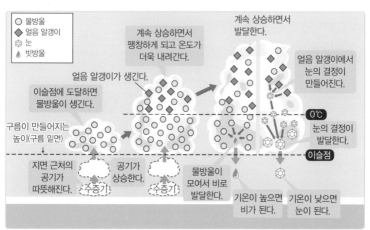

○ 물방울
◇ 얼음 알갱이
❄ 눈
💧 빗방울

이슬점에 도달하면 물방울이 생긴다.

얼음 알갱이가 생긴다.

계속 상승하면서 팽창하게 되고 온도가 더욱 내려간다.

계속 상승하면서 발달한다.

얼음 알갱이에서 눈의 결정이 만들어진다.

구름이 만들어지는 높이(구름 밑면)

0℃

눈의 결정이 발달한다.

이슬점

지면 근처의 공기가 따뜻해진다.

공기가 상승한다.

수증기

물방울이 모여서 비로 발달한다.

기온이 높으면 비가 된다.

기온이 낮으면 눈이 된다.

공기 덩어리가 상승하면 기압과 기온이 내려갑니다.

구름이 만들어지는 과정

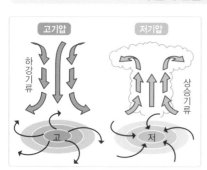

고기압 하강기류 **고**

저기압 상승기류 **저**

○ 고기압과 저기압에서는 풍향이 반대로 바뀐다.

고기압, 저기압 모두 동심원상으로 뻗은 등압선으로 나타냅니다.

극동아시아의 계절과 일기도

겨울 날씨

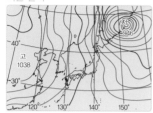

- 서고동저의 기압 배치
- 동해 쪽에서 눈
- 태평양 쪽은 맑음

봄·가을 날씨

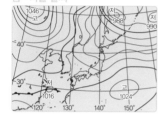

- 고기압과 저기압이 번갈아가면서 찾아온다.
- 날씨가 자주 바뀐다.

장마철 날씨

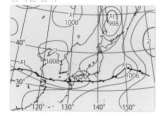

- 장마전선이 정체된다.
- 흐림 또는 비가 오는 날이 많다.

초가을에 '가을장마'가
오기도 한다.

여름 날씨

- 대륙 쪽은 저기압, 태평양 쪽은 고기압
- 무더운 날이 계속된다.

태풍은 주로 7월 하순에서
9월 사이에 극동아시아에
상륙합니다.

지구와 우주

이 단원에서 다루는 주제는 지구와 그 바깥쪽에 있는 천체입니다. 또, 지구와 천체의 위치 관계와 천체가 보이는 모습에 대해서도 알아봅시다.

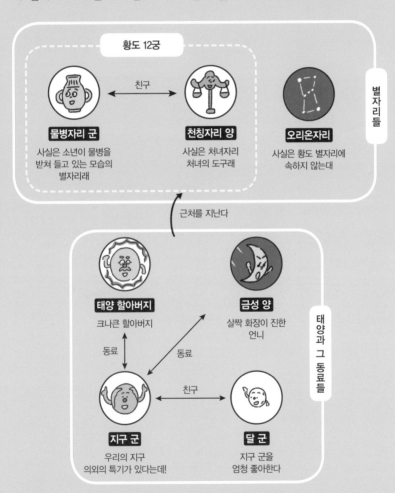

황도 12궁

물병자리 군
사실은 소년이 물병을 받쳐 들고 있는 모습의 별자리래

← 친구 →

천칭자리 양
사실은 처녀자리 처녀의 도구래

오리온자리
사실은 황도 별자리에 속하지 않는대

별자리들

근처를 지난다

태양 할아버지
크나큰 할아버지

금성 양
살짝 화장이 진한 언니

동료

동료

지구 군
우리의 지구
의외의 특기가 있다는데!

← 친구 →

달 군
지구 군을
엄청 좋아한다

태양과 그 동료들

192

점?

태양의 모습

지구 군, 태양의 **흑점**을 계속 점이라고 놀리네요.

태양은 스스로 빛을 내는 **항성**으로, 고온의 기체로 이루어져 있어요. 표면 온도는 약 6000℃입니다. 표면에서 내뿜는 붉은 불꽃 모양 가스의 움직임을 **홍염**이라고 합니다. 또한 태양의 바깥쪽을 에워싼 고온의 엷은 대기층을 **코로나**라고 합니다.

▲태양의 구조

Ⓟ Ⓞ Ⓘ Ⓝ Ⓣ

○ 흑점의 모양과 위치의 변화로 태양이 둥근 모양이며 자전한다는 것을 알 수 있다.

피겨 스케이팅

지구 선수! 아름다운 기울기입니다.

딱

23.4도죠? 완벽합니다.

놀랍습니다. 엄청난 기세로 자전하고 있습니다.

빙글 빙글 빙글

그리고 그대로~

빙글 빙글

휙휙···

휙휙

이건 고득점을 기대할 수 있겠어요.

멋집니다! 아름다운 공전이네요!

지구의 자전과 공전

지구 군의 멋진 연기! 생각해보면 지구의 운동은 피겨 스케이팅처럼 빙글빙글 돈답니다.

자전축은 지구의 북극과 남극을 연결한 직선을 말해요. 이를 회전축으로 해서 지구는 하루에 1번 **자전**합니다.

또한 지구는 태양 주변을 1년(365.26일)에 1번 **공전**합니다.

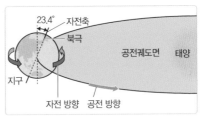

▲지구의 자전과 공전

Ⓟ Ⓞ Ⓘ Ⓝ Ⓣ
◉ 지구는 자전축이 기울어진 채로 하루에 1번 자전하면서 1년에 걸쳐 태양 주변을 공전한다.

태양이 1일간 이동하는 거리

햇빛의 양은 태양이 비치는 각도에 따라 달라집니다.

아래 그림을 보면, 같은 장소라도 태양이 가장 높이 떠 있을 때는 화살표 4개 분량의 햇빛을 받지만 태양이 비스듬히 비치면 화살표 2개 분량의 햇빛만 받게 되죠?

따라서 하루 중 햇빛이 가장 강할 때는 태양이 남중할 때입니다.

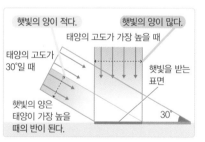

▲태양의 고도와 햇빛의 양

P O I N T

- 태양은 동쪽에서 떠올라 남중하여 서쪽으로 진다 (일주운동).
- 남중고도: 천체가 일주운동을 하면서 남쪽에 있을 때의 높이

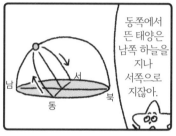

북쪽 하늘

반시계 방향으로 전진해 주세요!

1시간에 15도.

지구 군

샤

어라?

딱 좋아~

샤

샤

샤

이봐~ 왜 안 움직이는 거야?

앗! 북극성 할아버지! 죄송해요.

오호홋. 불렀나?

빙글

별이 1일간 이동하는 거리

지구는 자전축을 중심으로 서쪽에서 동쪽으로 자전하고 있어요. 밤하늘의 별이 동쪽에서 서쪽으로 움직이는 것처럼 보이는 이유가 바로 이 때문이죠. 그래서 자전축의 연장선에 있는 북극성 할아버지는 움직이지 않았던 거예요.

지구는 하루(24시간)에 1회전(360°)하기 때문에 밤하늘의 별이 움직이는 속력은

360°÷24시간=15° 즉, **1시간에 15도**

가 됩니다.

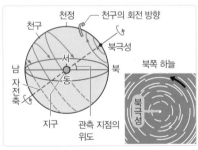

▲지구의 자전과 별의 운동

Ⓟⓞⓘⓝⓣ

◎ 밤하늘의 별은 동쪽에서 서쪽으로 1시간에 15도씩 움직인다(북쪽 하늘에서는 북극성을 중심으로 반시계 방향으로 움직인다).

태양이 1년간 이동하는 거리

물병자리나 천칭자리 등 별자리 운세에 등장하는 12개의 별자리를 **황도 12궁**이라고 합니다.

황도란 천구상의 태양이 지나는 길이에요. 지구가 태양 주위를 공전하고 있어서 지구에서 보면 태양은 이러한 별자리 사이를 1년에 일주하는 것처럼 보입니다.

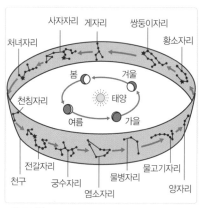

▲황도 12궁

● 태양은 황도를 따라 서쪽에서 동쪽으로 이동하며 1년에 일주 운동을 한다.

별자리

같은 시각에 보이는 별자리는 하루에 약 1도씩 서쪽으로 움직이고 있어.

오~

오리온자리

시간이 흘러….

처녀자리

물병자리

별이 1년간 이동하는 거리

한밤중에 남중하는 별자리는 지구에서 보면 태양과 반대 방향에 있어요.

지구는 1년(약 365일) 동안 한 바퀴 공전(360°)하기 때문에 한밤중에 남중하는 별자리도

$$360° \div 365일 ≒ 1°$$

즉, **하루에 약 1도** 움직이는 것처럼 보입니다. 이처럼 천체의 움직임을 **연주운동**이라고 해요.

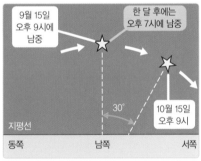

9월 15일 오후 9시에 남중

한 달 후에는 오후 7시에 남중

30°

10월 15일 오후 9시

지평선

동쪽   남쪽   서쪽

▲별의 연주운동

우와, 오랜만이야!

뭐? 계속 기다렸어?

ⓟⓞⓘⓝⓣ

◎ 같은 시각에 보이는 별자리(별)의 위치는 동쪽에서 서쪽으로 한 달에 약 30도(하루에 약 1도)씩 움직인다.

계절이 만들어지는 조건

자전축의 기울기와 공전

태양의 남중고도가 달라지면서 여름은 낮이 길고, 겨울은 낮이 짧아지는 등 계절도 변합니다.

근본적인 이유는 별 군이 이야기한 것처럼,

❶ 자전축이 기울어져 있는 것
❷ 태양 주위를 공전하는 것

이 2가지 요인 때문입니다.

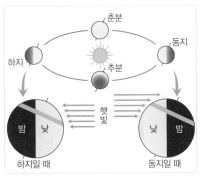

▲ 계절의 변화
하지와 동지일 때, 같은 위도의 낮과 밤의 길이가 다른 점에 주목합시다.

북반구에서는,
  하지: 남중고도가 가장 높고, 낮이 길다.
  동지: 남중고도가 가장 낮고, 낮이 짧다.

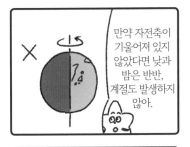

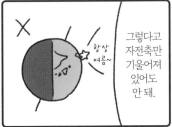

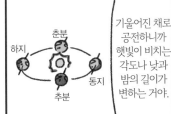

199

천체 실험 1

달 모양의 변화

지구 군, 눈이 빙빙 돌긴 했지만 실험 덕분에 달이 보이는 모습을 이해할 수 있었겠죠?

삭일 때는 태양과 같은 방향에 있기 때문에 달은 보이지 않아요. 달의 위치가 바뀌면 점점 빛나는 부분이 늘어서 삭의 반대쪽으로 왔을 때 보름달이 됩니다. 이러한 달 모양의 변화를 **달의 위상 변화**라고 합니다.

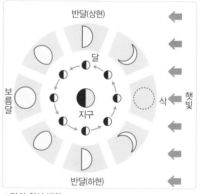

▲ 달의 위상 변화

Ⓟ Ⓞ Ⓘ Ⓝ Ⓣ
◉ 달은 위치가 변하기(공전하기) 때문에 차고 기우는 것처럼 보인다.

일식과 월식

천체의 위치 관계를 파악하는 정말 간단한 실험이었어요.

일식은 삭일 때 일어나며 태양이 달에 의해 가려집니다.

반대로 **월식**은 보름달일 때 일어나며 달이 지구의 그림자 속으로 들어가서 가려집니다.

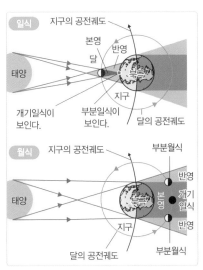

▲일식과 월식

(P)(O)(I)(N)(T)
- 일식: 태양 ― 달 ― 지구
- 월식: 태양 ― 지구 ― 달

금성의 장난

반짝

어라?

저건 뭐지?

지구 군

점점 커지고 있는 듯해….

비켜, 비켜! 부딪힌다고~

뭐어?

메롱, 장난이지롱~

까하하

…뭐지?

스윽~

금성 양

금성의 위상 변화

살짝 성가신 금성 양이었지만, 부딪힐 일은 없어요.

금성이나 지구 등, 태양 주위를 공전하는 천체를 **행성**이라고 해요.

금성은 지구 안쪽을 공전하고 있기 때문에 한밤중에는 보이지 않습니다. 저녁, 서쪽 하늘에 보이는 금성을 **태백성**이라고 하며, 새벽녘 동쪽 하늘에 보이는 금성을 **샛별**이라고 합니다.

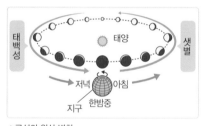

태백성

태양

샛별

저녁 아침

지구 한밤중

▲금성의 위상 변화

🅟 🅞 🅘 🅝 🅣

○ 금성은 지구의 위치에 따라 차고 기우는 것처럼 보이며, 크기가 변한다.

팀 나누기

태양계의 천체

목성형 행성 쪽이 훨씬 크고 질량도 무거우니까 줄다리기 대결에서는 **지구형 행성**이 이기기엔 조금 버거워 보이네요.

태양을 중심으로 공전하고 있는 천체의 모임을 **태양계**라고 합니다. 그리고 해왕성보다 바깥쪽을 공전하는 모든 천체를 **해왕성 바깥 천체**라고 해요.

위성은 행성 주위를 공전하는 작은 천체이고, 달은 지구의 위성입니다.

소행성은 매우 작고 거의 모든 소행성이 화성과 목성의 공전궤도 사이를 공전하고 있어요.

혜성은 얇고 긴 타원 궤도를 그리며 도는 것이 많고, 얼음과 먼지로 이루어져 있습니다.

P O I N T

◎ 행성 외에도 태양계에는 다양한 천체가 존재한다.

계모임

예이, 예이!

오~

우리 태양계 팀.

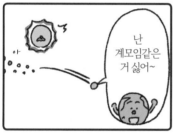

난 계모임같은 거 싫어~

아

태양계에서 탈출했어…

계계

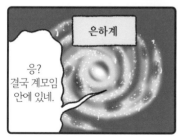

은하계

응? 결국 계모임 안에 있네.

우주의 범위

계모임에 반발해서 태양계를 뛰쳐나온 지구 군. 하지만 그 바깥쪽에는 더욱 광대한 계모임이 기다리고 있었다는… 드라마틱한 전개네요!

수억에서 수천억 개의 항성과 성운(가스)으로 이루어진 집단을 **은하**라고 하고, 우리가 사는 지구가 속해 있는 은하를 **은하계**라고 해요.

은하계에서는 볼록렌즈와 같은 모양을 한 공간에 항성이 소용돌이 상태로 분포해 있습니다.

겨울보다 여름 은하수가 두껍고 밝은 것은 은하계의 중심 방향을 보고 있기 때문입니다.

▲은하계의 모습

Ⓟ Ⓞ Ⓘ Ⓝ Ⓣ
- 성단: 항성이 밀집한 집단
- 성운: 우주의 먼지나 가스 덩어리

천체의 일주운동과 연주운동

별이 1일간 이동하는 거리

별이 1년간 이동하는 거리

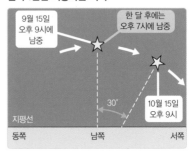

○ 별은 동쪽에서 서쪽으로 1시간에 15도씩 움직인다.
○ 같은 시각에 보이는 별은 동쪽에서 서쪽으로 한 달 동안 30도씩 움직인다.

지구의 위치와 사계절의 변화

○ 자전축은 지구 공전궤도면과 수직인 직선에서 23.4도 기울어져 있다.

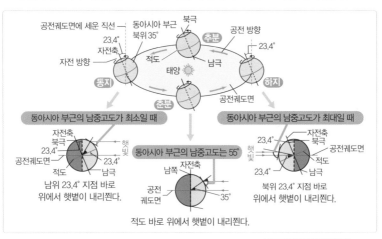

여름은 남중고도가 높고, 낮이 길어서 기온이 높아요.
겨울은 남중고도가 낮고, 낮이 짧아서 기온이 낮아요.

달 모양의 변화

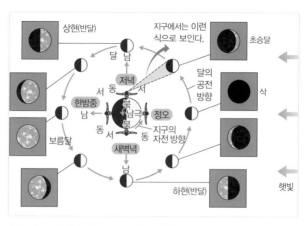

○ 다음 보름달이 되기까지 약 29.5일이 걸린다.

우주의 범위

○ 지구형 행성: 수성, 금성, 지구, 화성
○ 목성형 행성: 목성, 토성, 천왕성, 해왕성

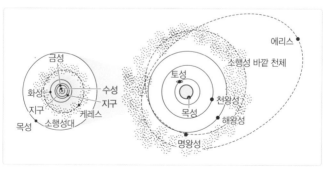

은하계의 지름은 약 10만 광년.
태양계는 은하계의 중심에서 약 3만 광년 떨어져 있어요.

은하계

응?
결국 계모임
안에 있네.

찾아보기

비커 군과 교과서 친구들의
수상한 과학책

초판 1쇄 발행 2019년 2월 18일
초판 7쇄 발행 2024년 12월 30일

지은이 우에타니 부부
옮긴이 임지인

발행인 김기중
주간 신선영
편집 민성원, 백수연, 최현숙
마케팅 김보미
경영지원 홍운선

펴낸곳 도서출판 더숲
주소 서울시 마포구 동교로 43-1 (04018)
전화 02-3141-8301
팩스 02-3141-8303
이메일 info@theforestbook.co.kr
페이스북 @forestbookwithu
인스타그램 @theforest_book
출판신고 2009년 3월 30일 제2009-000062호

ISBN 979-11-86900-79-6 (03400)